职业教育院校机电类专业系列教材

公差配合与技术测量

主编　董庆怀
参编　程学珍　乔　晴
主审　贾建武

机 械 工 业 出 版 社

本书共 7 章，主要内容包括：绪论、光滑圆柱的公差与配合、测量技术基础、几何公差与测量、表面结构与测量、圆锥公差与测量、螺纹结合。每章后均附有复习思考题，第二章至第六章还附有相关实验。全书后附有部分复习思考题答案并配备多媒体教学课件。本书内容简明扼要，理论联系实际，注重理论知识的难易程度划分和实用性以及实践环节的应用。本书采用最新国家标准和法定计量单位。本书既可作为职业技术教育教材，又可作为企业技术人员和工人的自学用书。本书配有电子教案。

图书在版编目（CIP）数据

公差配合与技术测量/董庆怀主编. —北京：机械工业出版社，2010.10
（2024.8 重印）
职业教育院校机电类专业系列教材
ISBN 978-7-111-31985-6

Ⅰ.①公… Ⅱ.①董… Ⅲ.①公差-配合-职业教育-教材②技术测量-职业教育-教材 Ⅳ.①TG801

中国版本图书馆 CIP 数据核字（2010）第 186063 号

机械工业出版社（北京市百万庄大街 22 号 邮政编码 100037）
策划编辑：汪光灿 责任编辑：汪光灿 韩 冰
版式设计：张世琴 责任校对：申春香
封面设计：王伟光 责任印制：单爱军
北京虎彩文化传播有限公司印刷
2024 年 8 月第 1 版·第 13 次印刷
184mm×260mm·9.75 印张·236 千字
标准书号：ISBN 978-7-111-31985-6
定价：29.80 元

电话服务 网络服务
客服电话：010-88361066 机 工 官 网：www.cmpbook.com
　　　　　010-88379833 机 工 官 博：weibo.com/cmp1952
　　　　　010-68326294 金 书 网：www.golden-book.com
封底无防伪标均为盗版 机工教育服务网：www.cmpedu.com

编者的话

本书是根据职业技术教育现行"数控技术应用专业"的教学计划以及"公差配合与技术测量"课程的教学大纲标准编写的。在《公差配合与技术测量》第2版的基础上对理论性较强的部分进行删减，增加实践教学环节，增加复习思考题数量并降低其难度，且将实验报告编入教材，更方便师生使用。本书配有电子教案和部分复习思考题答案。

本书突出以能力为本，确实从现代职业院校学生的实际情况出发，贯彻少理论、重实践的指导思想，介绍常用公差标准、公差在机械设计中的应用和测量基础知识。

全书共分为7章：绪论、光滑圆柱的公差与配合、测量技术基础、几何公差与测量、表面结构与测量、圆锥公差与测量、螺纹结合。每章后附有实验报告和复习思考题。

本书可作为高等职业教育及中等职业教育学校机械类专业的教材，也可作为企业技术人员的参考用书。

本书绪论、第一章、第三章由上海信息技术学校程学珍高级讲师编写，第四章、第五章由上海信息技术学校董庆怀高级讲师编写，第二章、第六章和所有的实验报告由上海信息技术学校乔晴实验师编写。董庆怀任本书主编，天津机电职业技术学院贾建武教授主审本书。

由于编者水平有限，书中难免有缺点和错误，恳请使用本书的师生和其他读者批评指正。

编　者

目 录

绪论

第一节　互换性与标准化概念

一、互换性的基本概念

在工厂的装配车间经常看到这样一种情况，装配工人任意从一批相同规格的零件中取出一个装到机器上，装配后机器就能正常工作。在日常生活中也有不少这样的例子，如自行车、缝纫机的某个零件损坏后，买一个相同规格的零件，装好后就能照常使用。这是什么道理呢？原因就是这些零件具有互换性。互换性就是指机器零件（部件）相互之间可以替换，且能保证使用要求的一种特性。

机械中的互换性可分为广义互换性和狭义互换性。广义互换性是指机器的零部件在各种性能方面都达到了使用要求，如几何参数的精度、强度、刚度、硬度、使用寿命、抗腐蚀性、热变形、导电性等，都能满足机器的功能要求。狭义互换性是指机器的零部件只能满足几何参数方面的要求，如尺寸、形状、位置和表面结构的要求。本课程只研究几何参数方面的互换性。

按互换性的程度又可把互换性分为完全互换和有限互换。所谓完全互换，是指对同一规格的零件，不加挑选和修配就能满足使用要求的互换性。有时虽然是同一规格的零件，但在装配时需要进行挑选或修配才能满足使用要求，这种互换称为有限互换。

完全互换多用于成批大量生产的标准零部件，如普通紧固螺纹制件、滚动轴承等。这种生产方式效率高，同时也有利于各生产单位和部门之间的协作。

有限互换多用于生产批量小和装配精度要求高的情况。当装配精度要求很高时，每个零件的精度也一定要求很高，这样会给零件的制造带来一定的困难。为了解决这一矛盾，在生产中经常采用分组装配法和修配法。分组装配法的具体作法是：将零件的制造公差适当扩大到方便加工的程度，完工后按实际尺寸把被装配的零件分成若干组，两组同组号的零件相装配。分组越细，装配精度就越高，但应以满足装配精度要求为依据。分组太细将会降低装配效率，提高制造成本；分组太粗将不能保证装配精度要求。

对于单件小批量生产的高精度产品，在装配时往往采用修配法或调整法。这种生产方式效率低，但能获得高精度的产品，因此，在精密仪器和精密机床的生产中被广泛采用。

在生产实际中不可避免会产生加工误差，为了达到预定的互换性要求，就要把零部件的几何参数控制在一定的变动范围内。这个允许零件几何参数的变动范围就称为"公差"。因此，为了使零部件具有互换性，首先必须对几何参数提出公差要求，只有在公差要求范围内的合格零件才能实现互换。为了实现互换性生产，各种各样的公差要求还必须具有统一的术语、协调的数据及合适的标注方式，以使从事机械设计或加工人员具有共同的技术语言和技术依据，并使设计生产过程较为方便、合理和经济。这就必须制订公差标准。公差标准是对零件的公差和相互配合所制订的技术标准。在制订和贯彻公差标准时，要相应采用必要的技术测量措施，它是实现互换性的必要条件。

二、标准化概念

标准化是社会生产的产物，反过来它又能推动社会生产的发展。标准是指对重复性事物和概念所作的统一规定。标准化包含了标准制订、贯彻和修改的全部过程。

在机械制造中，标准化是实现互换性的必要前提。

技术标准（简称标准），即技术法规，是从事生产、建设工作以及商品流通等的一种共同技术依据，它以生产实践、科学试验及可靠经验为基础，由有关方面协调制订。标准经一定程序批准后，在一定范围内具有约束力，不得擅自修改或拒不执行。

标准可以按不同级别颁布。我国技术标准分为国家标准、部标准（专业标准）、地方标准和企业标准四级。此外，从世界范围看，还有国际标准和区域性标准。

标准化是组织现代化大生产的重要手段，是实现专业化协作生产的必要前提，是科学管理的重要组成部分，是使整个社会经济合理化的技术基础，也是发展贸易、提高产品在国际市场上竞争能力的技术保证。

第二节　本课程的性质与要求

一、本课程的性质

本课程是机械类和近机类专业的一门重要的专业基础课，它与机械设计、机械制造等专业课有着密切的联系。它能使学生学到有关精度理论和测量的基本知识与技能。

本课程的内容在生产实践中应用广泛、实践性强，它由"公差配合"与"技术测量"两部分组成。本课程的基本理论是精度理论，研究的对象是零部件几何参数的互换性。本课程的特点是术语定义、符号、代号、图形、表格多；公式推导少，经验数据、定性解释多；内容涉及面广，章节之间系统性、连贯性不强。

二、本课程的要求与学习方法

1. 本课程的要求

1）掌握本课程中有关国家标准的内容和原则。

2）初步学会和掌握零件的精度设计内容和方法。

3）能够查用公差表格，并能正确标注图样。

4）了解各种典型的测量方法，学会常用计量器具的使用。

2. 本课程的学习方法

1）在学习中注意及时总结、归纳，找出各要领、各规定之间的区别和联系，并多做练习题。

2）注意实践环节的训练，尽可能独立操作、独立思考，做到理论与实践相结合。

3）尽可能与相关课程的知识联系，使学到的公差配合理论得以举一反三，能达到实际应用的目的。

复习思考题

一、判断题（正确的打√，错误的打×）

1. 为使零件的几何参数具有互换性，必须把零件的加工误差控制在给定的范围内。（　　）

2. 不完全互换性是指一批零件中，一部分零件具有互换性，而另一部分零件必须经过修配才有互换

性。（　　）

3. 只要零件不经挑选或修配，便能装配到机器上去，则该零件具有互换性。（　　）

4. 机器制造业中的互换性生产必定是大量或成批生产，但大量或成批生产不一定是互换性生产，小批生产不是互换性生产。（　　）

二、简答题

1. 试述互换性在机械制造业中的重要意义，并举出其应用实例。

2. 试述完全互换与有限互换的区别，并指出它们的应用场合。

第一章 光滑圆柱的公差与配合

产品的精度是满足产品使用性能要求的前提，精度设计是一个极其重要的环节，它包括：零件的精度，零件与零件之间、部件与部件之间的相互位置精度。

零件的精度分为尺寸精度、形状（宏观和微观）精度及同一零件上各要素之间的位置精度，这三者是相互关联的。本章主要介绍国家标准相关内容中孔、轴的公差与配合。为保证零件的互换性和便于设计、制造、检测与维修，需要对零件的精度与它们之间的配合实行标准化。

第一节　有关公差配合的术语及其定义

一、尺寸的术语及其定义

（1）尺寸　尺寸是指以特定单位表示线性尺寸值的数值。

（2）基本尺寸　通过应用上、下偏差可算出极限尺寸的尺寸称为基本尺寸。

基本尺寸是设计零件时，根据使用要求，通过强度、刚度计算及结构等方面的考虑，并按标准直径或标准长度圆整后所给定的尺寸。

（3）极限尺寸　孔或轴允许的两个极端尺寸称为极限尺寸。

极限尺寸是允许变动范围的两个界限尺寸。孔的极限尺寸是 D_{max} 与 D_{min}，轴的极限尺寸是 d_{max} 与 d_{min}。

（4）实际尺寸　经测量获得的某一孔或轴的尺寸称为实际尺寸。由于零件存在形状误差，所以不同部位的实际尺寸是有差异的，因此称为局部实际尺寸。因为测量误差的存在，实际尺寸不可能等于真实尺寸，它只是接近真实尺寸的一个随机尺寸。实际尺寸的大小由加工决定，设计时给定的尺寸为极限尺寸，它与加工正确性无关。

二、孔与轴的定义

孔通常是指工件的圆柱形内表面，也包括非圆柱形内表面（由两平行面或切面形成的包容面），如图 1-1a 所示。

轴通常是指工件的圆柱形外表面，也包括非圆柱形外表面（由两平行面或切面形成的包容面），如图 1-1b 所示。

单一尺寸确定的既不是孔、又不是轴的那部分，则称为长度，如图 1-1c 所示。

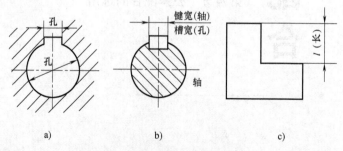

图 1-1　孔、轴和长度示意图

三、尺寸偏差、公差和公差带的定义

（1）偏差　偏差是指某一尺寸（实际尺寸、极限尺寸等）与其基本尺寸的代数差。偏差分为极限偏差和实际偏差。最大极限尺寸与基本尺寸的代数差称为上偏差，孔和轴分别用 ES 和 es 表示；最小极限尺寸与基本尺寸的代数差称为下偏差，孔和轴分别用 EI 和 ei 表示。上偏差和下偏差统称为极限偏差。实际尺寸与基本尺寸的代数差称为实际偏差，孔和轴的实际偏差分别用 Δ_a 和 δ_a 表示。以下为各种偏差关系式：

$$ES = D_{max} - D; \qquad EI = D_{min} - D$$

$$es = d_{max} - d; \qquad ei = d_{min} - d$$

$$\Delta_a = D_a - D; \qquad \delta_a = d_a - d$$

式中　　D 和 d——孔和轴的基本尺寸；

$\quad\quad\quad D_a$ 和 d_a——孔和轴的实际尺寸。

偏差可以为正、负或零值。偏差值除零外，前面必须冠以正、负号。尺寸的实际偏差必须介于上偏差与下偏差之间，该尺寸才算合格。极限偏差用于控制实际偏差。

（2）尺寸公差（简称公差）　公差是指最大极限尺寸与最小极限尺寸之差，或上偏差与下偏差之差。孔和轴的公差分别用 T_h 和 T_s 表示，是允许尺寸的变动量。公差与极限尺寸和极限偏差的关系如下：

$$T_h = D_{max} - D_{min} = ES - EI$$

$$T_s = d_{max} - d_{min} = es - ei$$

公差值永远大于零。

（3）公差带　公差带图解中，由代表上、下偏差或最大极限尺寸和最小极限尺寸的两条直线所限定的一个区域称为公差带。为了说明基本尺寸、极限偏差和公差三者关系，需要画出公差带图。如图 1-2 所示，基本尺寸是公差带的零线，即衡量公差带位置的起始点。图中 EI 和 es 是决定孔、轴公差带位置的极限偏差。EI 和 es 的绝对值越大，则孔、轴公差带离零线越远；绝对值越小，则孔、轴公差带离零线就越近。国家标准把用来确定公差带相对于零线位置的上偏差和下偏差称为基本偏差，它往往是离零线近的或位于零线上的那个偏差，图 1-2 中 EI 和 es 则分别为孔和轴的基本偏差。

公差带的大小，即公差值的大小，它是指沿垂直于零线方向计量的公差带宽度。沿零线方向的宽度画图时任意确定，不具有特定的含义。

在画公差带图时，基本尺寸以毫米（mm）为单位标出，公差带的上、下偏差用微米（μm）、也可用毫米（mm）为单位标出。上、下偏差的数值前冠以"＋"或"－"号，零线以上为正，以下为负。与零线重合的偏差，其数值为零，不必标出，如图 1-3 所示。

四、有关配合的术语及其定义

1. 配合

配合是指基本尺寸相同的相互结合的孔和轴公差之间的关系。按同一种配合生产的一批孔和一批轴装配后，其配合松紧各不相同。

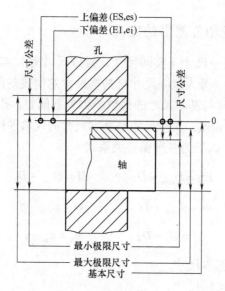

图 1-2 术语图解

2. 配合类别

（1）间隙配合 孔的尺寸减去相配合的轴的尺寸之差为正，称为间隙配合，用 X 表示。间隙配合包括最小间隙等于零的配合。对于这类配合，孔的公差带在轴的公差带之上，如图 1-4 所示。

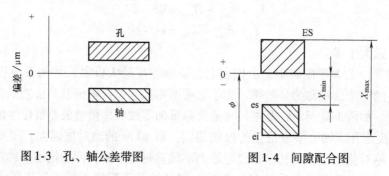

图 1-3 孔、轴公差带图　　　　图 1-4 间隙配合图

这类配合的最大极限间隙 X_{max}、最小极限间隙 X_{min} 和平均间隙 X_{av}，按下式计算：

$$\left.\begin{aligned} X_{max} &= D_{max} - d_{min} = ES - ei \\ X_{min} &= D_{min} - d_{max} = EI - es \\ X_{av} &= D_{av} - d_{av} = \frac{X_{max} + X_{min}}{2} \end{aligned}\right\} \tag{1-1}$$

式中　D_{av} 和 d_{av}——孔和轴的平均尺寸。

（2）过盈配合 孔的尺寸减去相配合的轴的尺寸之差为负，称为过盈配合，用 Y 表示。过盈配合包括最小过盈等于零的配合。对于这类配合，孔的公差带在轴的公差带之下，如图 1-5 所示。

这类配合的最大极限过盈 Y_{max}、最小极限过盈 Y_{min} 和平均过盈 Y_{av}，按下式计算：

$$Y_{\max} = D_{\min} - d_{\max} = \text{EI} - \text{es}$$

$$Y_{\min} = D_{\max} - d_{\min} = \text{ES} - \text{ei}$$　　　(1-2)

$$Y_{\text{av}} = D_{\text{av}} - d_{\text{av}} = \frac{Y_{\max} + Y_{\min}}{2}$$

（3）过渡配合　可能具有间隙或过盈的配合称为过渡配合。此时，孔的公差带与轴的公差带相互交叠，如图 1-6 所示。

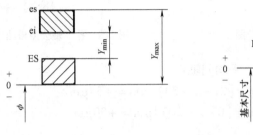
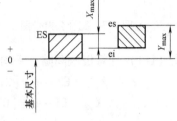

图 1-5　过盈配合图　　　　　　图 1-6　过渡配合图

这类配合不存在最小间隙和最小过盈，只有最大间隙和最大过盈，它们按下式计算：

$$X_{\max} = D_{\max} - d_{\min} = \text{ES} - \text{ei}$$

$$Y_{\max} = D_{\min} - d_{\max} = \text{EI} - \text{es}$$　　　(1-3)

$$X_{\text{av}}(Y_{\text{av}}) = D_{\text{av}} - d_{\text{av}} = \frac{X_{\max} + Y_{\max}}{2}$$

3. 配合公差及配合公差带图

配合公差是指间隙或过盈的允许变动量，用 T_{f} 表示。

对于间隙配合：　　　　　　　$T_{\text{f}} = X_{\max} - X_{\min}$

对于过盈配合：　　　　　　　$T_{\text{f}} = Y_{\min} - Y_{\max}$

对于过渡配合：　　　　　　　$T_{\text{f}} = X_{\max} - Y_{\max}$

从上式可看出，不管是哪一类配合，其配合公差都应为

$$T_{\text{f}} = T_{\text{h}} + T_{\text{s}}$$

为了直观地表示配合精度和配合性质，国家标准提出了配合公差带图，如图 1-7 所示。

画配合公差带图的规则与画孔、轴公差带图一样。极限间隙和极限过盈可以用 μm 或 mm 为单位。

例 1　计算 $\phi 30^{+0.021}_{0}$ mm 孔与 $\phi 30^{-0.020}_{-0.033}$ mm 轴配合的极限间隙、平均间隙和配合公差，并画出孔、轴公差带和配合公差带图。

解　先画出孔、轴公差带图，如图 1-8 所示。

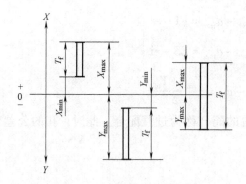

图 1-7　配合公差带图

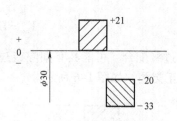

图 1-8　孔、轴公差带图

利用公式（1-1）计算极限间隙、平均间隙：

$$X_{max} = ES - ei = [21 - (-33)]\,\mu m = +54\,\mu m$$

$$X_{min} = EI - es = [0 - (-20)]\,\mu m = +20\,\mu m$$

$$X_{av} = \frac{X_{max} + X_{min}}{2} = +37\,\mu m$$

计算配合公差：

$$T_f = X_{max} - X_{min} = (54 - 20)\,\mu m = 34\,\mu m$$

配合公差带图如图 1-9 所示。

例 2　计算 $\phi 30^{+0.021}_{0}$ mm 孔与 $\phi 30^{+0.021}_{+0.008}$ mm 轴配合的极限间隙、极限过盈、平均间隙（或平均过盈）和配合公差，并画出孔、轴公差带和配合公差带图。

解　先画出孔、轴公差带图，如图 1-10 所示。

利用公式（1-3）计算极限间隙、极限过盈、平均值：

$$X_{max} = ES - ei = (21 - 8)\,\mu m = 13\,\mu m$$

$$Y_{max} = EI - es = (0 - 21)\,\mu m = -21\,\mu m$$

$$Y_{av} = \frac{X_{max} + Y_{max}}{2} = -4\,\mu m$$

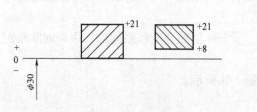

图 1-9　配合公差带图

计算配合公差：

$$T_f = X_{max} - Y_{max} = [13 - (-21)]\,\mu m = 34\,\mu m$$

配合公差带图如图 1-11 所示。

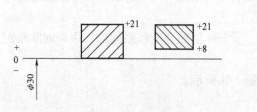

图 1-10　孔、轴公差带图

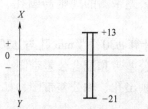

图 1-11　配合公差带图

五、基准制

1. 基孔制配合

基本偏差一定的孔与不同基准偏差的轴形成各种配合的一种制度，如图 1-12a 所示。

2. 基轴制配合

基本偏差一定的轴与不同基准偏差的孔形成各种配合的一种制度，如图 1-12b 所示。

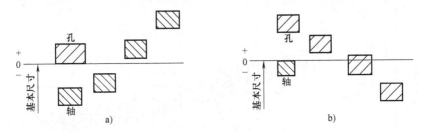

图 1-12　基准制

a）基孔制　b）基轴制

基孔制的孔称为基准孔，它的基本偏差（EI）为零。基轴制的轴称为基准轴，它的基本偏差（es）同样为零。

第二节　常用尺寸孔、轴的公差与配合

基本尺寸小于或等于 500mm 的零件，在产品中应用最广，因此，这一尺寸段称为常用尺寸段。

配合是孔、轴公差带的组合，而孔、轴公差带是由它的大小和位置决定的，标准公差决定公差带的大小，基本偏差决定公差带的位置。为了使公差与配合实现标准化，GB/T 1800.3—1998 规定了两个基本系列，即标准公差系列和基本偏差系列。

一、标准公差系列

标准公差用 IT 表示，常用尺寸段内规定了 IT01、IT0、IT1、IT2、…、IT17、IT18 共 20 个标准公差等级；在基本尺寸为 500 ~ 3150mm 内规定了 IT1 ~ IT18 共 18 个标准公差等级。IT01 等级最高，依次降低，IT18 为最低级。其中，IT01 和 IT0 在工业中很少用到。标准公差的大小，即公差等级的高低，决定了孔、轴的尺寸精度和配合精度。在确定孔、轴公差时，应按标准公差等级取值，以满足标准化和互换性的要求。

二、基本偏差系列

基本偏差一般是指上偏差或下偏差中距零线近的那一个。它的作用是决定孔、轴公差带相对于零线的位置。为了改变配合性质，只要改变孔或轴当中一个零件的公差带位置即可。为了满足设计和生产的需要，国家标准中对孔和轴各规定了 28 个基本偏差，即对孔和轴各给出了 28 个公差带位置供选择使用。

孔的基本偏差用大写英文字母表示，轴的基本偏差用小写英文字母表示，它们的排列次序如图 1-13 所示。

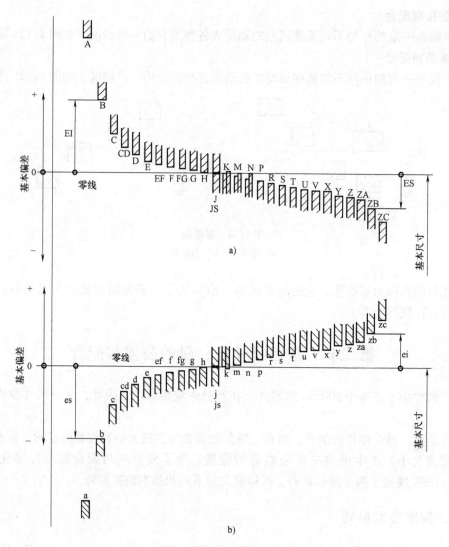

图 1-13 孔、轴基本偏差系列

a）孔 b）轴

从图 1-13 中可以看出，在孔的基本偏差中，A～G 为下偏差 EI（正值）。H 也为下偏差 EI（EI = 0），则 H 为基准孔的基本偏差。J～ZC 为上偏差 ES，除了 J 和 K 外，其余皆为负值。JS 是一个特殊的基本偏差，其公差带相对于零线对称分布，因此，它所代表的基本偏差可以为上偏差 ES，也可以为下偏差 EI。

对于 JS：

$$ES = +\frac{IT}{2}; \quad EI = -\frac{IT}{2}$$

在轴的基本偏差中，a～g 为上偏差 es（负值）。h 也为上偏差 es（es = 0），则 h 为基准轴的基本偏差。j～zc 为下偏差 ei，除 j 外，其余皆为正值。js 和 JS 一样，它可以为上偏差 es，也可以为下偏差 ei。

对于 js：

$$es = +\frac{IT}{2}; \quad ei = -\frac{IT}{2}$$

表 1-1、表 1-2、表 1-3 所列分别为国家标准中标准公差数值、轴的基本偏差数值、孔的基本偏差数值，供使用时查阅。

表 1-1　标准公差数值　（摘自 GB/T 1800.4—1999）

基本尺寸 /mm		标准公差等级																	
		IT1	IT2	IT3	IT4	IT5	IT6	IT7	IT8	IT9	IT10	IT11	IT12	IT13	IT14	IT15	IT16	IT17	IT18
大于	至	μm											mm						
–	3	0.8	1.2	2	3	4	6	10	14	25	40	60	0.1	0.14	0.25	0.4	0.6	1	1.4
3	6	1	1.5	2.5	4	5	8	12	18	30	48	75	0.12	0.18	0.3	0.48	0.75	1.2	1.8
6	10	1	1.5	2.5	4	6	9	15	22	36	58	90	0.15	0.22	0.36	0.58	0.9	1.5	2.2
10	18	1.2	2	3	5	8	11	18	27	43	70	110	0.18	0.27	0.43	0.7	1.1	1.8	2.7
18	30	1.5	2.5	4	6	9	13	21	33	52	84	130	0.21	0.33	0.52	0.84	1.3	2.1	3.3
30	50	1.5	2.5	4	7	11	16	25	39	62	100	160	0.25	0.39	0.62	1	1.6	2.5	3.9
50	80	2	3	5	8	13	19	30	46	74	120	190	0.3	0.46	0.74	1.2	1.9	3	4.6
80	120	2.5	4	6	10	15	22	35	54	87	140	220	0.35	0.54	0.87	1.4	2.2	3.5	5.4
120	180	3.5	5	8	12	18	25	40	63	100	160	250	0.4	0.63	1	1.6	2.5	4	6.3
180	250	4.5	7	10	14	20	29	46	72	115	185	290	0.46	0.72	1.15	1.85	2.9	4.6	7.2
250	315	6	8	12	16	23	32	52	81	130	210	320	0.52	0.81	1.3	2.1	3.2	5.2	8.1
315	400	7	9	13	18	25	36	57	89	140	230	360	0.57	0.89	1.4	2.3	3.6	5.7	8.9
400	500	8	10	15	20	27	40	63	97	155	250	400	0.63	0.97	1.55	2.5	4	6.3	9.7

注：1. 基本尺寸大于 500mm 的 IT1～IT5 的标准公差数值为试行的。

2. 基本尺寸小于 1mm 时，无 IT14～IT18。

表 1-2　轴的基本偏差数值

基本尺寸 /mm 大于	至	a	b	c	cd	d	e	ef	f	fg	g	h	js	j IT5和IT6	j IT7	j IT8	IT4~IT7
−	3	−270	−140	−60	−34	−20	−14	−10	−6	−4	−2	0		−2	−4	−6	0
3	6	−270	−140	−70	−46	−30	−20	−14	−10	−6	−4	0		−2	−4		+1
6	10	−280	−150	−80	−56	−40	−25	−18	−13	−8	−5	0		−2	−5		+1
10	14	−290	−150	−95		−50	−32		−16		−6	0		−3	−6		+1
14	18	−290	−150	−95		−50	−32		−16		−6	0		−3	−6		+1
18	24	−300	−160	−110		−65	−40		−20		−7	0		−4	−8		+2
24	30	−300	−160	−110		−65	−40		−20		−7	0		−4	−8		+2
30	40	−310	−170	−120		−80	−50		−25		−9	0		−5	−10		+2
40	50	−320	−180	−130		−80	−50		−25		−9	0		−5	−10		+2
50	65	−340	−190	−140		−100	−60		−30		−10	0		−7	−12		+2
65	80	−360	−200	−150		−100	−60		−30		−10	0		−7	−12		+2
80	100	−380	−220	−170		−120	−72		−36		−12	0		−9	−15		+3
100	120	−410	−240	−180		−120	−72		−36		−12	0		−9	−15		+3
120	140	−460	−260	−200		−145	−85		−43		−14	0		−11	−18		+3
140	160	−520	−280	−210		−145	−85		−43		−14	0		−11	−18		+3
160	180	−580	−310	−230		−145	−85		−43		−14	0		−11	−18		+3
180	200	−660	−340	−240		−170	−100		−50		−15	0	偏差 = ±$\dfrac{IT_n}{2}$,式中 IT_n 是 IT 值数	−13	−21		+4
200	225	−740	−380	−260		−170	−100		−50		−15	0		−13	−21		+4
225	250	−820	−420	−280		−170	−100		−50		−15	0		−13	−21		+4
250	280	−920	−480	−300		−190	−110		−56		−17	0		−16	−26		+4
280	315	−1050	−540	−330		−190	−110		−56		−17	0		−16	−26		+4
315	355	−1200	−600	−360		−210	−125		−62		−18	0		−18	−28		+4
355	400	−1350	−680	−400		−210	−125		−62		−18	0		−18	−28		+4
400	450	−1500	−760	−440		−230	−135		−68		−20	0		−20	−32		+5
450	500	−1650	−840	−480		−230	−135		−68		−20	0		−20	−32		+5
500	560					−260	−145		−76		−22	0					0
560	630					−260	−145		−76		−22	0					0
630	710					−290	−160		−80		−24	0					0
710	800					−290	−160		−80		−24	0					0
800	900					−320	−170		−86		−26	0					0
900	1000					−320	−170		−86		−26	0					0
1000	1120					−350	−195		−98		−28	0					0
1120	1250					−350	−195		−98		−28	0					0
1250	1400					−390	−220		−110		−30	0					0
1400	1600					−390	−220		−110		−30	0					0
1600	1800					−430	−240		−120		−32	0					0
1800	2000					−430	−240		−120		−32	0					0
2000	2240					−480	−260		−130		−34	0					0
2240	2500					−480	−260		−130		−34	0					0
2500	2800					−520	−290		−145		−38	0					0
2800	3150					−520	−290		−145		−38	0					0

注：1. 基本尺寸小于或等于 1mm 时，基本偏差 a 和 b 均不采用。

2. 公差带 js7 至 js11，若 IT_n 值数是奇数，则取偏差 = ±$\dfrac{IT_n-1}{2}$。

（摘自 GB/T 1800.3—1998）

差数值/μm

	下偏差 ei													
≤IT3 >IT7	所有标准公差等级													
k	m	n	p	r	s	t	u	v	x	y	z	za	zb	zc
0	+2	+4	+6	+10	+14		+18		+20		+26	+32	+40	+60
0	+4	+8	+12	+15	+19		+23		+28		+35	+42	+50	+80
0	+6	+10	+15	+19	+23		+28		+34		+42	+52	+67	+97
0	+7	+12	+18	+23	+28		+33		+40		+50	+64	+90	+130
								+39	+45		+60	+77	+108	+150
0	+8	+15	+22	+28	+35		+41	+47	+54	+63	+73	+98	+136	+188
						+41	+48	+55	+64	+75	+88	+118	+160	+218
0	+9	+17	+26	+34	+43	+48	+60	+68	+80	+94	+112	+148	+200	+274
						+54	+70	+81	+97	+114	+136	+180	+242	+325
0	+11	+20	+32	+41	+53	+66	+87	+102	+122	+144	+172	+226	+300	+405
				+43	+59	+75	+102	+120	+146	+174	+210	+274	+360	+480
0	+13	+23	+37	+51	+71	+91	+124	+146	+178	+214	+258	+335	+445	585
				+54	+79	+104	+144	+172	+210	+254	+310	+400	+525	+690
0	+15	+27	+43	+63	+92	+122	+170	+202	+248	+300	+365	+470	+620	+800
				+65	+100	+134	+190	+228	+280	+340	+415	+535	+700	+900
				+68	+108	+146	+210	+252	+310	+380	+465	+600	+780	+1000
0	+17	+31	+50	+77	+122	+166	+236	+284	+350	+425	+520	+670	+880	+1150
				+80	+130	+180	+258	+310	+385	+470	+575	+740	+960	+1250
				+84	+140	+196	+284	+340	+425	+520	+640	+820	+1050	+1350
0	+20	+34	+56	+94	+158	+218	+315	+385	+475	+580	+710	+920	+1200	+1550
				+98	+170	+240	+350	+425	+525	+650	+790	+1000	+1300	+1700
0	+21	+37	+62	+108	+190	+268	+390	+475	+590	+730	+900	+1150	+1500	+1900
				+114	+208	+294	+435	+530	+660	+820	+1000	+1300	+1650	+2100
0	+23	+40	+68	+126	+232	+330	+490	+595	+740	+920	+1100	+1450	+1850	+2400
				+132	+252	+360	+540	+660	+820	+1000	+1250	+1600	+2100	+2600
0	+26	+44	+78	+150	+280	+400	+600							
				+155	+310	+450	+660							
0	+30	+50	+88	+175	+340	+500	+740							
				+185	+380	+560	+840							
0	+34	+56	+100	+210	+430	+620	+940							
				+220	+470	+680	+1050							
0	+40	+66	+120	+250	+520	+780	+1150							
				+260	+580	+840	+1300							
0	+48	+78	+140	+300	+640	+960	+1450							
				+330	+720	+1050	1600							
0	+58	+92	+170	+370	+820	+1200	+1850							
				+400	+920	+1350	+2000							
0	+68	+110	+195	+440	+1000	+1500	+2300							
				+460	+1100	+1650	+2500							
0	+76	+135	+240	+550	+1250	+1900	+2900							
				+580	+1400	+2100	+3200							

表 1-3　孔的基本偏差数值

| 基本尺寸/mm | | 下偏差 EI | | | | | | | | | | | | 基本偏 上偏 J | | |
大于	至	A	B	C	CD	D	E	EF	F	FG	G	H	JS	IT5 和 IT6	IT7	IT8
–	3	+270	+140	+60	+34	+20	+14	+10	+6	+4	+2	0		+2	+4	+6
3	6	+270	+140	+70	+46	+30	+20	+14	+10	+6	+4	0		+5	+6	+10
6	10	+280	+150	+80	+56	+40	+25	+18	+13	+8	+5	0		+5	+8	+12
10	14	+290	+150	+95		+50	+32		+16		+6			+6	+10	+15
14	18															
18	24	+300	+160	+110		+65	+40		+20		+7		偏差 =	+8	+12	+20
24	30												$\pm\dfrac{IT_n}{2}$,			
30	40	+310	+170	+120		+80	+50				+9		式中	+10	+14	+24
40	50	+320	+180	+30									IT_n			
50	65	+340	+190	+140		+100	+60				+10		是 IT	+13	+18	+28
65	80	+360	+200	+150									数值			
80	100	+380	+220	+170		+120	+72				+12			+16	+22	+34
100	120	+410	+240	+180												
120	140	+460	+260	+200		+145	+85				+14			+18	+26	+41
140	160	+520	+280	+210												
160	180	+580	+310	+230												
180	200	+660	+340	+240		+170	+100				+15	0		+22	+30	+47
200	225	+740	+380	+260												
225	250	+820	+420	+280												
250	280	+920	+480	+300		+190	+110				+17	0		+25	+36	+55
280	315	+1050	+540	+330												
315	355	+1200	+600	+360		+210	+125				+18	0		+29	+39	+60
355	400	+1350	+680	+400												
400	450	+1500	+760	+440		+230	+135				+20	0		+33	+43	+66
450	500	+1650	+840	+480												

注：1. 基本尺寸小于或等于 1mm 时，基本偏差 A 和 B 及大于 IT8 的 N 均不采用。

2. 公差带 JS7 至 JS11，若 IT_n 数值是奇数，则取偏差 = $\pm\dfrac{IT_n-1}{2}$。

3. 对小于或等于 IT8 的 K、M、N 和小于或等于 IT7 的 P 至 ZC，所需 Δ 值从表内右侧选取。

4. 特殊情况：250～315mm 段的 M6，ES = −9μm（代替 −11μm）。

（摘自 GB/T 1800.3—1998）

差数值/μm

差 ES							标准公差等级大于IT7						Δ 值 标准公差等级					
≤IT8	>IT8	≤IT8	>IT8	≤IT8	>IT8	≤IT7	P	R	S	T	U	V	IT3	IT4	IT5	IT6	IT7	IT8
K		M		N		P 至 ZC	P	R	S	T	U	V	IT3	IT4	IT5	IT6	IT7	IT8
0	0	-2	-2	-4	-4		-6	-10	-14		-18		0	0	0	0	0	0
-1 +Δ		-4 +Δ	-4	-8 +Δ	0		-12	-15	-19		-23		1	1.5	1	3	4	6
-1 +Δ		-6 +Δ	-6	-10 +Δ	0		-15	-19	-23		-28		1	1.5	2	3	6	7
-1 +Δ		-7 +Δ	-7	-12 +Δ	0		-18	-23	-28		-33	-39	1	2	3	3	7	9
-2 +Δ		-8 +Δ	-8	-15 +Δ	0		-22	-28	-35		-41	-47	1.5	2	3	4	8	12
						在大于 IT_7 的相应数值上增加一个 Δ 值				-41	-48	-55						
-2 +Δ		-9 +Δ	-9	-17 +Δ	0		-26	-34	-43	-48	-60	-68	1.5	3	4	5	9	14
										-54	-70	-81						
-2 +Δ		-11 +Δ	-11	-20 +Δ	0		-32	-41	-53	-66	-87	-102	2	3	5	6	11	16
								-43	-59	-75	-102	-120						
-3 +Δ		-13 +Δ	-13	-23 +Δ	0		-37	-51	-71	-91	-124	-146	2	4	5	7	13	19
								-54	-79	-104	-144	-172						
-3 +Δ		-15 +Δ	-15	-27 +Δ	0		-43	-63	-92	-122	-170	-202	3	4	6	7	15	23
								-65	-100	-134	-190	-228						
								-68	-108	-146	-210	-252						
-4 +Δ		-17 +Δ	-17	-31 +Δ	0		-50	-77	-122	-166	-236	-284	3	4	6	9	17	26
								-80	-130	-180	-258	-310						
								-84	-140	-196	-284	-340						
-4 +Δ		-20 +Δ	-20	-34 +Δ	0		-56	-94	-158	-218	-315	-385	4	4	7	9	20	29
								-98	-170	-240	-350	-425						
-4 +Δ		-21 +Δ	-21	-37 +Δ	0		-62	-108	-190	-268	-390	-475	4	5	7	11	21	32
								-114	-208	-294	-435	-530						
-5 +Δ		-23 +Δ	-23	-40 +Δ	0		-68	-126	-232	-330	-490	-595	5	5	7	13	23	34
								-132	-252	-360	-540	-660						

例 3　查孔的基本偏差数值表和标准公差数值表，确定 $\phi 35E7$ 孔的上、下偏差。

解　先查孔的基本偏差数值表（表 1-3），确定孔的基本偏差数值。基本尺寸 $\phi 35$ 位于 $30 \sim 40\text{mm}$ 尺寸段内，基本偏差为下偏差，EI 的数值为 $+50\mu\text{m}$，于是 $EI = +50\mu\text{m}$。

查标准公差数值表（表 1-1），确定孔的上偏差。基本尺寸位于 $30 \sim 50\text{mm}$ 尺寸段内，$IT7 = 25\mu\text{m}$。

因为　　　　　　　　　　　　　　$T_h = ES - EI$

故　　　　　　　　　$ES = EI + T_h = (50 + 25)\mu\text{m} = 75\mu\text{m}$

例 4　查孔的基本偏差数值表和标准公差数值表，确定 $\phi 35M7$ 孔的上、下偏差。

解　先查孔的基本偏差数值表（表 1-3），确定孔的基本偏差数值。基本尺寸 $\phi 35$ 位于 $30 \sim 40\text{mm}$ 尺寸段内，因孔的公差等级为 7，应属等级 $\leqslant IT8$ 这一栏内，M 的数值为 $-9 + \Delta$。

Δ 值可在表 1-3 的最右端查出，$\Delta = 9\mu\text{m}$，由该表可知，M 为上偏差，

即　　　　　　　　　　　$ES = (-9 + 9)\mu\text{m} = 0\mu\text{m}$

查标准公差数值表（表 1-1），确定孔的下偏差。由例 3 知孔的公差 $T_h = 25\mu\text{m}$，

于是　　　　　　　　　$EI = ES - T_h = (0 - 25)\mu\text{m} = -25\mu\text{m}$

三、公差与配合在图样上的标注

在装配图的孔、轴配合处一般应标出配合代号，如图 1-14 所示。滚动轴承内圈与轴的配合、外圈与机座孔的配合标注如图 1-15 所示。因为滚动轴承是标准部件，尺寸精度有专门标准规定，由专门工厂制造，只标轴和机座孔的公差带代号即可。

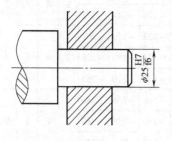

图 1-14　配合的标注

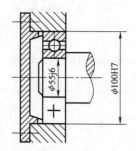

图 1-15　孔、轴与轴承
配合的标注

在零件图上只标公差带代号，或极限偏差数值，或两者同时标注（上、下偏差标注在公差带代号后，并加括号），例如 $\phi 30E7$、$\phi 35^{+0.10}_{+0.05}\text{mm}$、$\phi 30E7\left(^{+0.10}_{+0.05}\right)$。当上、下偏差的数值有一个是零时，"0" 必须标出，如 $\phi 35^{+0.10}_{\ 0}\text{mm}$、$\phi 35^{\ 0}_{-0.05}\text{mm}$。

四、公差带与配合

由前述所知，GB/T 1800.2—1998《极限与配合　基础　第 2 部分：公差、偏差和配合的基本规定》中规定了 20 种公差等级及孔、轴的 28 种基本偏差，因此，相互组合后，孔有 543 种公差带，轴有 544 种公差带，由这些公差带可组成近 30 万种的配合。如不加以限制，任意选用这些公差带和配合，将不利于生产。为了减少零件、刀具、量具和工艺装备的品种及规格，国家标准对所选用的公差带与配合作了必要限制。

在常用尺寸段中，标准根据我国工业生产的实际需要，考虑今后的发展，规定了一般、常用和优先孔公差带 105 种，其中带方框的 44 种为常用公差带，带圆圈的 13 种为优先公差带，见图 1-16。一般、常用和优先轴公差带 119 种，其中带方框的 59 种为常用公差带，带圆圈的 13 种为优先公差带，见图 1-17。

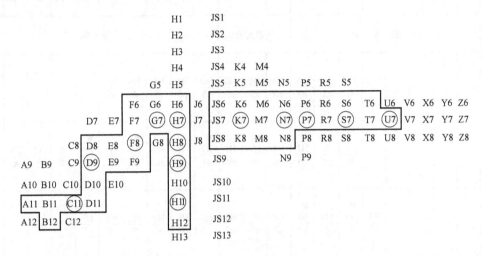

图 1-16　一般、常用和优先孔公差带

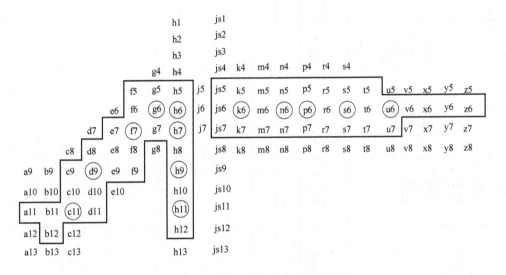

图 1-17　一般、常用和优先轴公差带

国家标准还规定了基孔制常用配合 59 种，其中优先配合 13 种，见表 1-4；基轴制常用配合 47 种，其中优先配合 13 种见表 1-5。还给出了基孔制和基轴制优先配合的极限间隙或极限过盈。

表 1-4　基孔制优先、常用配合

基准制	轴																				
	a	b	c	d	e	f	g	h	js	k	m	n	p	r	s	t	u	v	x	y	z
	间　隙　配　合								过　渡　配　合				过　盈　配　合								
H6						$\frac{H6}{f5}$	$\frac{H6}{g5}$	$\frac{H6}{h5}$	$\frac{H6}{js5}$	$\frac{H6}{k5}$	$\frac{H6}{m5}$	$\frac{H6}{n5}$	$\frac{H6}{p5}$	$\frac{H6}{r5}$	$\frac{H6}{s5}$	$\frac{H6}{t5}$					
H7						$\frac{H7}{f6}$	▼$\frac{H7}{g6}$	▼$\frac{H7}{h6}$	$\frac{H7}{js6}$	▼$\frac{H7}{k6}$	$\frac{H7}{m6}$	▼$\frac{H7}{n6}$	▼$\frac{H7}{p6}$	$\frac{H7}{r6}$	▼$\frac{H7}{s6}$	$\frac{H7}{t6}$	▼$\frac{H7}{u6}$	$\frac{H7}{v6}$	$\frac{H7}{x6}$	$\frac{H7}{y6}$	$\frac{H7}{z6}$
H8					$\frac{H8}{e7}$	▼$\frac{H8}{f7}$	$\frac{H8}{g7}$	▼$\frac{H8}{h7}$	$\frac{H8}{js7}$	$\frac{H8}{k7}$	$\frac{H8}{m7}$	$\frac{H8}{n7}$	$\frac{H8}{p7}$	$\frac{H8}{r7}$	$\frac{H8}{s7}$	$\frac{H8}{t7}$	$\frac{H8}{u7}$				
				$\frac{H8}{d8}$	$\frac{H8}{e8}$	$\frac{H8}{f8}$		$\frac{H8}{h8}$													
H9			$\frac{H9}{c9}$	▼$\frac{H9}{d9}$	$\frac{H9}{e9}$	$\frac{H9}{f9}$		▼$\frac{H9}{h9}$													
H10			$\frac{H10}{c10}$	$\frac{H10}{d10}$				$\frac{H10}{h10}$													
H11	$\frac{H11}{a11}$	$\frac{H11}{b11}$	▼$\frac{H11}{c11}$	$\frac{H11}{d11}$				▼$\frac{H11}{h11}$													
H12		$\frac{H12}{b12}$						$\frac{H12}{h12}$													

注：1. $\frac{H6}{n5}$、$\frac{H7}{p6}$ 在基本尺寸小于或等于 3 mm 和 $\frac{H8}{r7}$ 在基本尺寸小于或等于 100 mm 时，为过渡配合。

2. 带 ▼ 的为优先配合。

表 1-5 基轴制优先、常用配合

基准制	孔																				
	A	B	C	D	E	F	G	H	JS	K	M	N	P	R	S	T	U	V	X	Y	Z
	间 隙 配 合								过 渡 配 合			过 盈 配 合									
h5						$\dfrac{F6}{h5}$	$\dfrac{G6}{h5}$	$\dfrac{H6}{h5}$	$\dfrac{JS6}{h5}$	$\dfrac{K6}{h5}$	$\dfrac{M6}{h5}$	$\dfrac{N6}{h5}$	$\dfrac{P6}{h5}$	$\dfrac{R6}{h5}$	$\dfrac{S6}{h5}$	$\dfrac{T6}{h5}$					
h6						$\dfrac{F7}{h6}$	▼$\dfrac{G7}{h6}$	▼$\dfrac{H7}{h6}$	$\dfrac{JS7}{h6}$	$\dfrac{K7}{h6}$	$\dfrac{M7}{h6}$	▼$\dfrac{N7}{h6}$	▼$\dfrac{P7}{h6}$	$\dfrac{R7}{h6}$	▼$\dfrac{S7}{h6}$	$\dfrac{T7}{h6}$	▼$\dfrac{U7}{h6}$				
h7					$\dfrac{HE}{h7}$	▼$\dfrac{F8}{h7}$		▼$\dfrac{H8}{h7}$	$\dfrac{JS8}{h7}$	$\dfrac{K8}{h7}$	$\dfrac{M8}{h7}$	$\dfrac{N8}{h7}$									
h8				$\dfrac{D8}{h8}$	$\dfrac{E8}{h8}$	$\dfrac{F8}{h8}$		$\dfrac{H8}{h8}$													
h9				▼$\dfrac{D9}{h9}$	$\dfrac{E9}{h9}$	$\dfrac{F9}{h9}$		▼$\dfrac{H9}{h9}$													
h10				$\dfrac{D10}{h10}$				$\dfrac{H10}{h10}$													
h11	$\dfrac{A11}{h11}$	$\dfrac{B11}{h11}$	▼$\dfrac{C11}{h11}$	$\dfrac{D11}{h11}$				▼$\dfrac{H11}{h11}$													
h12		$\dfrac{B12}{h12}$						$\dfrac{H12}{h12}$													

注：带▼的为优先配合。

第三节 线性尺寸的一般公差

在机械产品的零件上，有许多尺寸为精度较低的非配合尺寸。这类尺寸在国家标准 GB/T 1804—2000《一般公差 线性尺寸的未注公差》规定了线性尺寸的一般公差的等级和极限偏差。

一、一般公差的概念

一般公差是指在普通工艺条件下，机床设备一般加工便可保证的公差。在正常维护和操作的情况下，它代表经济加工精度。一般公差适用于功能上无特殊要求的要素。

线性尺寸一般公差主要用于低精度的非配合尺寸。当功能上允许的公差等于或大于一般公差时，均应采用一般公差。

采用一般公差的尺寸，在该尺寸后不注出极限偏差。只有当要素的功能允许一个比一般公差更大的公差，并采用该公差比一般公差更为经济时（例如装配时所钻的不通孔深度），其相应的极限偏差要在尺寸后注出。

当两个表面分别由不同类型的工艺（例如切削和铸造）加工时，它们之间线性尺寸的一般公差，应按规定取两个一般公差数值中的较大值。

采用一般公差的线性尺寸，一般可不用检验。

二、线性尺寸的一般公差

线性尺寸的一般公差规定了四个公差等级：f（精密级）、m（中等级）、c（粗糙级）、v（最粗级）。每个公差等级都规定了相应的极限偏差。规定图样上线性尺寸的未注公差时，应考虑车间的一般加工精度，选取标准规定的公差等级，由相应的技术文件或标准作出具体的规定。

采用 GB/T 1804—2000《一般公差　线性尺寸的未注公差》规定的一般公差，在图样、技术文件或标准中用该标准号和公差等级符号表示。例如，选用粗糙级时，表示为 GB/T 1804—2000—c。

该标准规定的线性尺寸的未注公差，适用于金属切削加工的尺寸，也适用于一般冲压的加工尺寸。

第四节　公差配合的选用

合理地选用公差与配合，是机械制造工作中一项重要工作，它对提高产品的性能、质量以及降低成本都有重要影响。公差与配合的选择，就是基准制、公差等级和配合种类的选择。

一、基准制的选择

标准制确定的轴、孔的基本偏差满足下述要求：组成配合的孔、轴公差等级应符合"工艺等价"原则，则用同一字母表示的孔、轴的基本偏差，按基孔制形成的配合和按基轴制形成的配合，配合性质原则上相同。当两种基准制配合基本尺寸相同，孔、轴的公差等级亦分别相同。例如 $\phi 30H7/r6$ 和 $\phi 30R7/h6$，$\phi 30H8/f8$ 和 $\phi 30F8/h8$。这两种基准制的配合称"同名配合"。在两种基准制的优先、常用配合中几乎都是这种同名配合。所以，凡是基孔制能满足配合性质要求的配合，基轴制的"同名配合"都能用来代替。从满足配合性质讲，基孔制和基轴制完全等效。然而，从工艺、经济、结构、采用的标准件而言，应选择不同的基准制。

1. 优先采用基孔制

从工艺和经济上考虑应优先采用基孔制，在常用尺寸段中的中小尺寸 IT6 ~ IT8 的孔，通常用拉刀、铰刀等一定尺寸的刀具作精加工，以保证质量，检测也常用一定的量具（塞规）。这些一定尺寸的刀具、量具的特点是：当孔的基本尺寸和公差相同、而基本偏差改变时，需更换刀具、量具，而刀具价格较贵。但对于基本尺寸和公差相同、而基本偏差不同的轴，精加工时只需一种规格的砂轮或车刀，同时，轴径测量使用通用量具，其费用较低。

标准规定：一般情况下，优先采用基孔制。但在某些条件下，应采用基轴制。

2. 基轴制的应用

1）在机械制造中可选用冷拔圆型材，这种型材尺寸、形状相当准确，一般为 IT7～IT9。所以外圆不用再加工，就可直接作为轴来使用。在纺织机械、农用机械和仪器仪表中较为常见。在这些行业中宜采用基轴制，因为只要按配合要求选用和加工孔就可以了，这些在技术和经济上都是合理的。

2）由于机械结构的原因，采用基轴制。如图 1-18a 所示，例如在柴油机的活塞连杆中，因工作时要求活塞销和连杆相对摆动，所以活塞销与连杆小头衬套采用间隙配合。而活塞销和活塞销座孔的联接要求准确定位，故它们之间采用过渡配合。如采用基孔制，则活塞销应设计成如图 1-18b 所示的中间小、两头大的阶梯轴，这不仅给加工造成困难，而且装配时阶梯轴大头易刮伤连杆小头衬套内表面。若改用基轴制，活塞销可设计成如图 1-18c 所示的光轴，这样容易保证加工精度和装配质量。

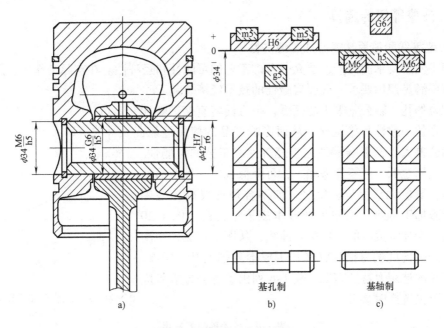

图 1-18　基准制选择示例

3）机器上使用的标准件，通常由专业工厂大量生产，在制造时其配合部位的基准制已确定。所以与其相配的轴或孔一定要服从标准件上既定的基准制。例如，滚动轴承外圈外径和外壳孔的配合一定是基轴制，而内圈内径和轴的配合，则一定是基孔制。

3. 非基准制的应用示例

当机器上出现一个非基准孔（轴）和两个以上的轴（孔）要求组成不同性质的配合时，其中肯定至少有一个非基准制配合。现以图 1-19a 轴承座孔同时与滚动轴承外径和端盖配合为例进行说明：根据滚动轴承配合要求，轴承座孔应采用基轴制和过渡配合的非基准孔，座孔的公差带为 $\phi52J7$，而座孔与端盖凸缘之间应是较低精度的间隙配合，这样既利于装卸又能保证滚动轴承的轴向定位要求。由于座孔是通孔，在一次装夹下精加工而成，且公差带已定为 J7，故只有把端盖凸缘公差带安排在 J7 下方。如图 1-19b 所示，以形成所要求的间隙配合，取较低的公差等级，有利于降低成本，故形成了非基准制配合 $\phi52J7/f9$。

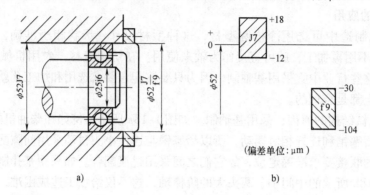

(偏差单位：μm)

图 1-19　非基准制配合

二、公差等级的选择

1. 公差等级和使用性能、加工经济性

在满足使用要求前提下，要充分考虑工艺的可能性和经济性。在实际工作中，所选的公差等级既要满足使用要求，又要有最佳的技术经济效益。

相配合的孔、轴公差等级的高低，一方面将直接影响配合部位配合的一致性和稳定性，从而影响产品的使用性能；另一方面公差大小又影响零件加工经济性和工艺的可能性。公差等级选用过低，使零件易加工，可降低成本，但产品使用性能差，质量无法保证；反之，如不合理地提高公差等级，将导致加工困难，而使生产成本成倍地提高。图 1-20 为公差与生产加工成本的大致关系曲线，从图中可见，在高精度区，加工精度稍有提高将使加工成本急剧上升。所以，高公差等级的选用要特别谨慎。表 1-6 列出了各公差等级应用范围，可供选择时参考。

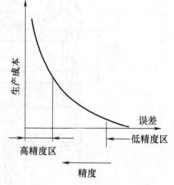

图 1-20　公差与生产加工成本的关系图

表 1-6　公差等级的应用

应　用	公　差　等　级　(IT)																		
	01	0	1	2	3	4	5	6	7	8	9	10	11	12	13	14	15	16	17	18
量　　块	—	—	—																
量　　规			—	—	—	—	—	—	—										
配合尺寸							—	—	—	—	—	—	—	—					
特别精密的配合					—	—	—	—											
非配合尺寸														—	—	—	—	—	—
原材料尺寸									—	—	—	—	—	—	—				

公差等级的应用和说明：

IT01 ~ IT1：用于精密尺寸传递基准——量块的尺寸公差以及高精密测量工具。

IT1～IT7：用于检验 IT6～IT16 工作用的量规的尺寸公差。

IT2～IT12：用于配合尺寸，其公差等级范围很广，以适应各类不同机械的配合要求。其中 IT5～IT12 为常用公差等级，注意相配轴、孔公差等级一般应按标准推荐的选用。

IT2～IT4：用于特别精密的重要部位的配合，例如高精度机床主轴和 P4 级滚动轴承的配合，高精度齿轮基准孔或基准轴等。

IT5～IT7：用于精密配合，在机械制造中应用较广。其中 IT5 的轴和 IT6 的孔用于机床、发动机等机械中特别重要的关键部位，例如，机床主轴和 P6 级滚动轴承相配的主轴颈及箱体孔等。图 1-21 中活塞销和连杆小头衬套孔及活塞销座孔的配合；高精度镗套内、外径处的配合。IT6 的轴和 IT7 的孔应用更广泛，可用于机床、动力机械、机床夹具等的重要部位。例如，一般传动轴和轴承，内燃机曲轴主轴颈和轴承，传动齿轮和轴，机床夹具中的普通精度镗套及钻模套的内、外径配合处，与普通精度滚动轴承相配的轴和外壳孔。

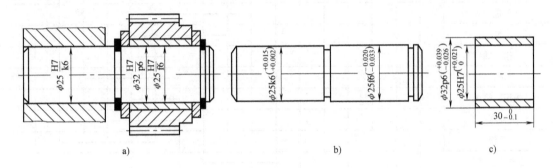

图 1-21　车床主轴箱中间轴装配图和零件图

a) 装配图　b) 中间轴零件图　c) 齿轮衬套零件图

IT7、IT8：通常用于中等精度要求配合部位。例如，一般通用机械的滑动轴承处，一般速度的带轮、联轴器和轴颈的配合。另外，也用于重型机械、纺织机械、农业机械等较重要的配合部位。

IT9、IT10：用于一般精度的配合部位，机床、发动机中次要的配合部位。例如，轴套外径和孔，操纵件与轴、空转带轮和轴等配合部位。也用于重型、纺织机械中一般配合部位。另外，平键和轴槽的配合用 IT9。

IT11、IT12：用于不重要的配合部位或间隙较大、且允许有显著变动而不会引起严重后果的场合。例如，机床上法兰盘止口和孔、滑块和滑移齿轮或凹槽。也用于农业机械、纺织机械粗糙的活动配合处，冲压加工件的配合。

IT12～IT18：主要用于非配合表面和未注公差的尺寸精度，以及工序间尺寸公差。

应当指出：与滚动轴承相配合的外壳孔和轴颈的公差等级、齿轮基准孔或基准轴的公差等级，取决于滚动轴承精度和齿轮精度等条件。

2. 各种加工方法所能达到的公差等级

表 1-7 列出当前各种加工方法所能达到的大致公差等级。随着工艺技术的发展，今后公差等级和加工方法之间的关系会随之发生变化。

表 1-7　各种加工方法能达到的公差等级

加工方法	公差等级 (IT)																	
	01	0	1	2	3	4	5	6	7	8	9	10	11	12	13	14	15	16
研磨	■	■	■	■	■	■	■											
珩						■	■	■	■									
圆磨							■	■	■	■								
平磨							■	■	■	■								
金刚石车							■	■	■									
金刚石镗							■	■	■									
拉削							■	■	■	■								
铰孔								■	■	■	■							
车									■	■	■	■	■					
镗									■	■	■	■	■					
铣										■	■	■	■					
刨、插												■	■					
钻孔												■	■	■				
滚压、挤压												■	■					
冲压												■	■	■	■			
压铸													■	■	■			
粉末冶金成形								■	■	■								
粉末冶金烧结									■	■	■							
砂型铸造、气割																	■	■
锻造																	■	■

复习思考题

一、判断题（正确的打√，错误的打×）

1. 某尺寸的公差越大，则尺寸精度越低。（　　）

2. 为了得到基轴制的配合，不一定要先加工轴，也可以先加工孔。（　　）

3. 实际尺寸等于公称尺寸的零件必定合格。（　　）

4. 某一配合，其配合公差等于孔与轴的尺寸公差之和。（　　）

5. 公差值可以是正的或负的。（　　）

6. 基本偏差决定公差带的位置。（　　）

7. 若已知 $\phi30f7$ 的基本偏差为 -0.02mm，则 $\phi30F8$ 的基本偏差一定是 $+0.02\text{mm}$。（　　）

8. 公称尺寸不同的零件，只要他们的公差值相同，就可以说明它们的精度要求相同。（　　）

9. 孔的公称尺寸一定要大于轴的公称尺寸才能配合。（　　）

10. 未注公差尺寸即对该尺寸无公差要求。（　　）

11. 某一孔或轴的直径正好加工到公称尺寸，则此孔或轴必然是合格件。（　　）

12. 从工艺和经济角度考虑，应优先选用基轴制。（　　）

13. 基轴制过渡配合的孔，其下极限偏差必小于零。（　　）

14. 偏差可为正、负或零值，而公差为正值。（　　）

15. 配合 H7/g6 比 H7/s6 要紧。（　　）

16. 图样标注 $\phi30^{+0.033}_{0}$ mm 的孔，该孔为基孔制的孔。（　　）

17. 加工尺寸越靠近公称尺寸就越精确。（　　）

18. 公差值越小说明零件的精度越高。（　　）

19. 孔、轴配合为 $\phi H9/n9$，可以判断是过渡配合。（　　）

20. 过渡配合可能具有间隙，也可能具有过盈。因此，过渡配合可能是间隙配合，也可能是过盈配合。（　　）

二、多项选择题

1. 以下各组配合中，配合性质相同的有_____。

A. $\phi50H7/f6$ 和 $\phi50F7/h6$
B. $\phi50P7/h6$ 和 $\phi50H8/p7$
C. $\phi50M7/h7$ 和 $\phi50H8/m7$
D. $\phi50H8/h7$ 和 $\phi50H7/f6$

2. 基孔制是基本偏差一定的孔的公差带，与不同_____轴的公差带形成各种配合的一种制度。

A. 基本偏差的
B. 公称尺寸的
C. 实际偏差的

3. 下列配合代号标注不正确的是_____。

A. $\phi30H6/k5$
B. $\phi30H7/p6$
C. $\phi30h7/D8$
D. $\phi30H8/h7$

4. 公差与配合标准的应用，主要是对配合种类、基准制和公差等级进行合理的选择。选择的顺序应该是_____。

A. 配合种类、基准制、公差等级
B. 基准制、公差等级、配合种类
C. 公差等级、基准制、配合种类
D. 公差等级、配合种类、基准制

5. 下列关于基本偏差的论述中正确的有_____。

A. 基本偏差数值大小取决于基本偏差代号
B. 轴的基本偏差为下偏差
C. 基本偏差数值与公差等级无关
D. 孔的基本偏差为上偏差

6. 下述论述中正确的有_____。

A. $\phi28g8$ 比 $\phi27h7$ 的精度高
B. $\phi50^{+0.013}_{0}$ mm 比 $\phi25^{+0.013}_{0}$ mm 精度高
C. 国家标准规定不允许孔、轴公差带组成非基准制配合
D. 零件的尺寸精度高，则其配合间隙小

7. 下列配合零件应选用过盈配合的有_____。

A. 需要传递足够大的转矩
B. 不可拆卸联接
C. 有轴向运动
D. 要求定心且常拆卸

8. 下列有关公差等级的论述中，正确的有_____。

A. 公差等级高，则公差带宽
B. 在满足要求的前提下，应尽量选择高的公差等级
C. 公差等级的高低，影响公差带的大小，决定配合的精度
D. 孔、轴相配合，均为同级配合

三、简答题

1. 零件的实际尺寸越接近基本尺寸，它们的加工精度是否就越高？为什么？

2. 一批零件的尺寸公差为 0.025mm，完工后经检测发现，这批零件的实际尺寸最大与最小之差为 0.020mm。能否说这批零件的尺寸都合格？为什么？

3. 按 $\phi50H7$ 加工一批零件，完工后经检测发现，最大的实际尺寸为 50.03mm，最小的实际尺寸为 50.01mm。这批零件的尺寸是否都合格？为什么？

四、计算题

1. 计算出下表中空格处数值，并按规定填写在表中。

（单位：mm）

基本尺寸	最大极限尺寸	最小极限尺寸	上偏差	下偏差	公差	尺寸标准
孔 φ25	25.250	25.034				
轴 φ60			+0.027		0.019	
孔 φ30		29.959			0.021	
轴 φ80			-0.010	-0.056		
孔 φ50				-0.034	0.039	
孔 φ40						$\phi40^{+0.014}_{-0.011}$
轴 φ70	φ69.970				0.074	

2. 查表确定并计算下列两组轴、孔公差带的基本偏差和另一极限偏差，按同一比例，在同一零线上画出尺寸公差带图，能发现什么规律？

1）φ25f6、φ25f7、φ25f8、φ25F6、φ25F7、φ25F8

2）φ25r6、φ25r7、φ25r8、φ25R6、φ25R7、φ25R8

3. 已知下列配合：φ20H8/f7、φ18H8/r6。

1）查表并计算出轴、孔公差带的极限偏差。

2）按标准写出轴、孔的尺寸标注。

3）画出公差配合图和配合公差带图，注明极限过盈、间隙。

4）指出基准制和配合性质。

第二章

测量技术基础

机械制造中的测量技术，主要研究对零件几何参数进行测量和检验的问题。测量就是把被测的量与具有测量单位的标准量进行比较的过程。

一个完整的测量过程应包括：

测量对象：指几何量，即长度、角度、形状和位置误差以及表面粗糙度等。

测量单位：长度单位有米（m）、毫米（mm）、微米（μm），角度单位有度（°）、分（′）、秒（″）。

测量方法：测量时所采用的测量原理、测量器具和测量条件的总和。测量条件是测量时零件和测量器具所处的环境，如温度、湿度、振动和灰尘等。

测量精度：指测量结果与零件真值的接近程度。

检验是指判断被测的量是否在规定的公差范围内，通常不一定要求得到被测量的具体数值。

检测是检验和测量的总称。

测量技术的基本任务是：

① 建立统一的计量单位，并复制成为标准形式，确保量值传递。

② 拟定合理的测量方法，并采用相应的测量器具使其实现。

③ 对测量方法的精度进行分析和估计，正确处理测量所得的数据。

第一节　长度计量单位和基准量值的传递

一、长度计量单位基准

为了进行长度测量，必须建立统一可靠的长度单位基准。目前，世界各国所使用的长度单位有米制和英制两种。

我国颁布的法定计量单位是以国际单位制的基本长度单位"米"为基本单位。在机械制造中常用的测量单位有毫米（mm）和微米（μm）。

$$1 \text{ 米（m）} = 1000 \text{ 毫米（mm）}$$
$$1 \text{ 毫米（mm）} = 1000 \text{ 微米（μm）}$$

二、基准量值的传递

在生产实践中，不可能直接利用光波波长进行长度尺寸的测量，为了保证机械制造中长度测量的量值统一，必须建立从光波长度基准到生产中使用的各种量具、量仪和工件尺寸的传递系统，量块和线纹尺是实现光波长度到测量实际之间的尺寸传递媒介，是机械制造中的实用长度基准。

在尺寸传递系统中，基准量具以量块（端面量具）应用最为广泛，这里简单介绍一些量块的特性和使用方法。

1. 量块的用途

量块通常也叫块规，它是一种没有刻度的平行端面量具。一般用铬锰钢或用线胀系数小、不易变形及耐磨的材料制成。量块除作为长度基准进行尺寸传递外，还广泛用来检定和校准测量器具、调整零位；有时也可直接用来检测零件，或者用于精密划线、调整机床和夹具等。

2. 量块的形状

一般为长方体，如图 2-1 所示。具有两个平行的测量面和四个非测量面。量块一个测量面上的任意点到与其相对的另一个测量面相研合的辅助体表面之间的垂直距离称为量块长度 L。对应于量块未研合测量面中心点的量块长度称为量块中心长度 L_c。标记在量块上，用以表明其与主单位（m）之间关系的量值是量块的标称长度如图 2-2 所示。

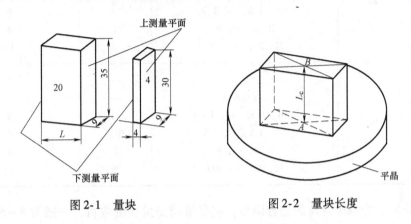

图 2-1　量块　　　　　　　　　　图 2-2　量块长度

3. 量块的研合性

量块具有研合性，如将一量块的测量面沿着另一量块的测量面滑动，同时用手稍加压力，两量块便能研合在一起，这就是量块的研合性。应用其研合性可以使多个固定尺寸的量块组成一个量块组，组成所需要的尺寸。

4. 量块的尺寸系列及其组合

量块是成套生产的，根据 GB/T 6039—2001 规定共有 17 种套别，每套数目分别为 91、83、46、38、10、8、5 等。常用成套量块的级别、尺寸系列、间隔和块数见表 2-1。

表 2-1　成套量块尺寸表（摘自 GB/T 6093—2001）

套　　别	总　块　数	基本尺寸/mm	间隔/mm	块　　数
1	91	0.5	—	1
		1	—	1
		1.001，1.002，…，1.009	0.001	9
		1.01，1.02，…，1.49	0.01	49
		1.5，1.6，…，1.9	0.1	5
		2.0，2.5，…，9.5	0.5	16
		10，20，…，100	10	10
2	83	0.5	—	1
		1	—	1
		1.005	—	1
		1.01，1.02，…，1.49	0.01	49
		1.5，1.6，…，1.9	0.1	5
		2.0，2.5，…，9.5	0.5	16
		10，20，…，100	10	10

（续）

套　别	总 块 数	基本尺寸/mm	间隔/mm	块　数
3	46	1	—	1
		1.001，1.002，…，1.009	0.001	9
		1.01，1.02，…，1.09	0.01	9
		1.1，1.2，…，1.9	0.1	9
		2，3，…，9	1	8
		10，20，…，100	10	10
4	38	1	—	1
		1.005	—	1
		1.01，1.02，…，1.09	0.01	9
		1.1，1.2，…，1.9	0.1	9
		2，3，…，9	1	8
		10，20，…，100	10	10

组合量块时，为减少量块的组合误差，应尽量减少量块的数目，一般为 4~5 块。选用量块时，应从消去所需尺寸最小尾数开始，逐一选取。

例1　试用91块套别的量块组成 46.027mm 的尺寸。

解　　　　　　46.027

　　　　　－）　1.007 ……………………… 第一块量块尺寸

　　　　　　　　45.02

　　　　　－）　1.02　………………………… 第二块量块尺寸

　　　　　　　　44

　　　　　－）　4　…………………………… 第三块量块尺寸

　　　　　　　　40　…………………………… 第四块量块尺寸

例2　试用38块套别的量块组成 59.995mm 的尺寸。

　　　　　　　　59.995

　　　　　－）　1.005 ……………………… 第一块量块尺寸

　　　　　　　　58.99

　　　　　－）　1.09　………………………… 第二块量块尺寸

　　　　　　　　57.9

　　　　　－）　1.9　………………………… 第三块量块尺寸

　　　　　　　　56

　　　　　－）　6　…………………………… 第四块量块尺寸

　　　　　　　　50　…………………………… 第五块量块尺寸

5. 量块的精度

为了满足不同应用场合对量块精度的要求，量块按制造精度分为 5 级，即 K、0、1、2、3 级，其中 K 级精度最高。分级的主要依据是量块长度的极限偏差、量块长度的变动允许值、测量面的平行度精度、量块的研合性及测量面粗糙度等。

量块按检定精度分为 6 等，即 1、2、3、4、5、6 等，其中 1 等精度最高。分等的主要依据是量块中心长度测量的极限误差和平面平行度极限误差。

6. 量块的使用方法

量块的使用方法可分为按"级"使用和按"等"使用两种。按"级"使用，是以量块的标称尺寸为工作尺寸，不考虑量块的制造误差和磨损误差，精度不高，但使用方便。按"等"使用，是用经检定后的量块的实测值作为工作尺寸，它不包含量块的制造误差，因此，提高了测量精度，但使用不够方便。

第二节　测量器具和测量方法

一、测量器具（计量器具）和测量方法的分类

1. 测量器具的分类

测量器具包括量具、量规、量仪、计量装置四大类。

量具是以固定形式复现量值的一种计量器具。量具可与其他计量器具共同进行测量工作，也可单独进行测量工作。如量块只复现单个长度量值，用它进行测量时，则必须与其他计量器具一起使用。线纹尺则不用配合其他计量器具而可单独使用，这种量具称为独立量具。

量规是一种没有刻度的专用检验器具。量规用以检验零件要素的实际尺寸和形位误差的综合结果，其检验结果只能判断被测几何量合格与否，而不能得出几何量的具体数值，如光滑极限量规、螺纹量规等。

量仪是一种将被测的或有关的量转换成直接观测的指示值或等效信息的一种计量器具。量仪一般具有传动放大系统，按原始信号转换原理的不同，量仪可分为以下四种。

1）机械式量仪。机械式量仪是用机械方法实现原始信号转变的量仪，如指示表、杠杆齿轮比较仪等。

2）光学式量仪。光学式量仪是用光学方法实现原始信号的量仪，如电感比较仪、工具显微镜等。

3）电动式量仪。电动式量仪是将原始信号转换为电量形式信息的量仪，如电感比较仪、电容比较仪和干涉仪等。

4）气动式量仪。气动式量仪是以压缩空气为介质，通过气动系统流量或压力的变化来实现原始信号转换的量仪，如水柱式气动量仪、浮标式气动量仪等。

计量装置是确定被测几何量值所必需的计量器具和辅助设备的总体，它能够测量较多的几何量和较复杂的零件。

2. 测量方法的分类

1）按是否直接测量被测参数，测量方法可分为直接测量和间接测量。

直接测量：直接测量被测参数来获得被测尺寸的测量方法称为直接测量。例如用卡尺、比较仪测量。

间接测量：测量与被测尺寸有关的几何参数，经过计算获得被测尺寸的测量方法称为间接测量。如图 2-3 所示，测量圆弧直径 D 则是通过测量弦长 S 和弓形高 H，经过计算得到 D。

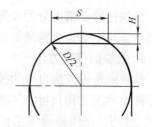

显然，直接测量比较直观，间接测量比较繁琐。一般当被测尺寸不易测量或用直接测量达不到精度要求时，就不得不采用间接测量。

2）按量具量仪的读数值是否直接表示被测尺寸的数值，测量方法可分为绝对测量和相对测量。

图 2-3 用弦高法测量圆弧直径

绝对测量：读数值直接表示被测尺寸的测量方法称为绝对测量。如用游标卡尺测量。

相对测量：读数值只表示被测尺寸相对于标准量的偏差的测量方法称为相对测量。如用比较仪测量轴的直径，需先用量块调整好仪器的零位，然后进行测量，测得的值是被测轴的直径相对于量块尺寸的差值，这就是相对测量。一般说来相对测量的精度比较高，但测量较麻烦。

3）按被测表面与量具量仪的测量头是否接触，测量方法可分为接触测量和非接触测量。

接触测量：测量头与被测零件表面接触，并有机械作用的测量力存在的测量方法称为接触测量。如用千分尺测量零件。

非接触测量：测量头不与被测零件表面相接触的测量方法称为非接触测量，非接触测量可避免测量力对测量结果的影响。如利用投影法、光波干涉法测量等。

4）按一次测量参数的多少，测量方法可分为单项测量和综合测量。

单项测量：对被测零件的每个参数分别单独测量的测量方法称为单项测量。

综合测量：反映零件有关参数的综合指标的测量方法称为综合测量。如用工具显微镜测量螺纹时，可分别测出螺纹实际中径、牙型半角误差和螺距累积误差等。

综合测量一般效率较高，对保证零件的互换性更为可靠，常用于完工零件的检验。单项测量能分别确定每一参数的误差，一般用于工艺分析、工序检验及被指定参数的测量。

5）按测量在加工过程中所起的作用，测量方法可分为主动测量和被动测量。

主动测量：工件在加工过程中进行测量，其结果直接用来控制零件的加工过程，从而及时防止废品的产生。

被动测量：工件加工后进行的测量称为被动测量。此种测量只能判别工件是否合格，仅限于发现并剔除废品。

6）按被测零件在测量过程中所处的状态，测量方法可分为静态测量和动态测量。

静态测量：测量相对静止的测量方法称为静态测量。如用千分尺测量直径。

动态测量：测量时被测表面与测量头模拟工作状态中相对运动的测量方法称为动态测量。

动态测量方法能反映出零件接近使用状态下的情况，是测量技术的发展方向。

二、测量器具的基本度量指标

度量指标是合理选择和使用测量器具的主要指标。基本度量指标如图 2-4 所示。

（1）分度值　测量器具刻度尺或度盘上最小一格所代表的被测尺寸称为分度值。如图 2-4 所示，表盘上的分度值是 1μm。

（2）标尺间距　测量器具刻度标尺或度盘上两刻线间的距离称为标尺间距，通常都是等距刻度，一般为 1 ~ 2.5mm。

（3）测量范围　测量器具所能测量尺寸的最大值和最小值称为测量范围。如图 2-4 所示，仪器测量范围为 0 ~ 180mm。

（4）标尺范围　测量器具刻度标尺或度盘内全部刻度所代表的范围称为标尺范围。如图 2-4 所示，标尺范围为 ±15μm。

测量范围和标尺范围的含义是不同的。例如，某比较仪的标尺范围为 ±0.1mm，而其测量范围为 0 ~ 180mm。有的测量器具的测量范围等于其标尺范围，如某些千分尺、卡尺等。

显然，选择测量器具时，被测量值必须在其测量范围之内。

（5）灵敏度　灵敏度是指能使仪器指示装置发生最小变动的被测量值的最小变动量。对于给定的被测量值，测量器具的灵敏度 S 用被观察变量的增量 ΔL 与其相应的被测的量的增量 ΔX 之商来表示：

$$S = \frac{\Delta L}{\Delta X}$$

如图 2-5 所示，其灵敏度 S 等于指针相对标尺刻度增值方向的位移与引起指针位移的被测量的增量之比。

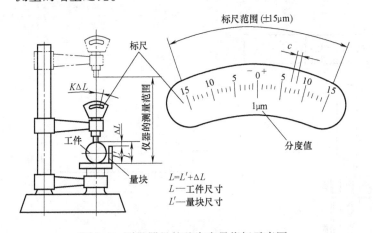

图 2-4　测量器具的基本度量指标示意图

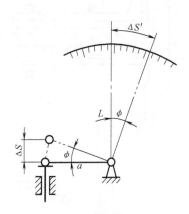

图 2-5　机构放大示意图

（6）测量力　测量头与被测零件表面在测量时相接触而产生的力称为测量力。测量力将引起测量器具和被测零件的弹性变形，影响测量精度。

（7）示值误差　仪器指示数值与被测量真值之差称为示值误差。示值误差是测量器具本身各种误差的综合反映，其中包括有测量器具的构成原理误差、装配调整误差和分度误差等。

（8）回程误差　对同一尺寸进行正反向测量时，测量器具指示数值的变化范围称为回程误差。

三、常用测量器具的测量原理、基本结构与使用方法

1. 游标类量具

游标类量具是利用游标读数原理制成的一种常用量具，它具有结构简单、使用方便、测

量范围大等特点。

常用的游标量具有游标卡尺、深度游标卡尺、高度游标卡尺，它们的读数原理相同，所不同的主要是测量面的位置不同（图2-6）。

（1）游标量具的结构　游标量具的主体是一个刻有刻度的尺身，沿着尺身滑动的尺框上装有游标，游标量具的读数值有0.1mm、0.05mm、0.02mm三种。

（2）游标的读数原理　如图2-7a所示，尺身的标尺间距 $a = 1$mm，将尺身刻度（ $n-1$ ）格的宽度刻10格作为游标的标尺间距 $b = 0.9$mm，这样，尺身标尺间距与游标的标尺间距之差为0.01mm（即游标读数值）。因此，当游标零线与尺身零线对准时，除游标的最后一根刻线与尺身刻线对准外，游标的其他刻线都不与尺身刻线对准。若将游标向右移动0.1mm，则游标的第一根线与尺身刻线对准；若将游标向右移动0.2mm，则游标的第二根刻线与尺身刻线对准；依此类推。

所以，游标在尺身的标尺间距1mm向右移动的距离可由游标刻线与尺身刻线对准时游标刻线序号决定。如游标的第5根刻线与尺身刻线对准，则表示游标向右移动0.5mm（图2-7b）。因此，有了游标装置，就很容易读出尺身刻线间隔的小数部分的读数。

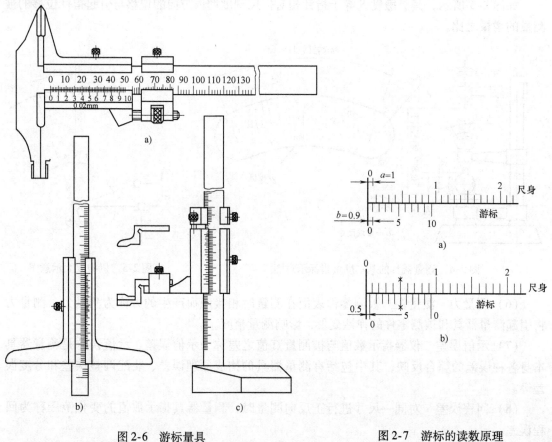

图2-6　游标量具

a）游标卡尺　b）深度游标尺　c）高度游标尺

图2-7　游标的读数原理

用游标量具测量零件进行读数时，应首先根据游标零线所处位置读出尺身刻度的整数部分的值，其次再判断游标第几根刻线与尺身刻线对准，用游标刻线的序号乘上读数值，即得到小数部分的读数。将整数部分与小数部分相加即为测量结果。例如，在游标读数值为0.05mm的游标卡尺上，游标零线的位置在尺身刻线"24"与"25"之间，且游标上的第8根刻线与尺身刻线对准，则被测尺寸为（24＋8×0.05）mm＝24.40mm。

如图2-8所示的电子数显卡尺，它具有非接触性电容式测量系统，由液晶显示器显示。其外形结构各部分名称如图注所示。电子数显卡尺测量方便可靠。

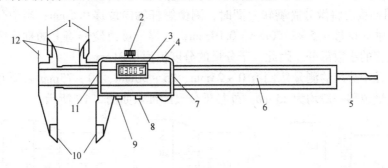

图2-8　电子数显卡尺

1—内测量爪　2—紧固螺钉　3—液晶显示器　4—数据输出端口　5—深度尺　6—尺身
7、11—防尘板　8—置零按钮　9—米制、英制转换按钮　10—外测量爪　12—台阶测量面

2. 螺旋测微类量具

螺旋测微类量具是利用螺旋副运动原理进行测量和读数的一种测微量具，其按用途可分为外径千分尺、内径千分尺、深度千分尺。其中，外径千分尺用得最普遍，主要用于测量轴类尺寸；内径千分尺用于测量内尺寸。

（1）外径千分尺结构　图2-9所示是测量范围为0～25mm的外径千分尺，它主要由尺架、测微头、测力装置等组成。

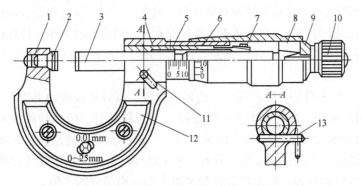

图2-9　外径千分尺

1—尺架　2—固定测砧　3—测微螺杆　4—螺纹轴套　5—固定套筒
6—微分筒　7—调节螺母　8—接头　9—垫圈　10—测力装置
11—锁紧手把　12—绝缘板　13—锁紧轴

尺架1的一端装有固定测砧，另一端则装有测微头。尺架的两侧面上覆盖着绝缘板12，防止使用时手的温度影响千分尺的测量精度。

测微头由下述零件组装而成。螺纹轴套4压入尺架1中，固定套筒5用螺钉紧固在它的上面，测微螺杆的调节螺距为0.5mm，且与外螺纹、螺纹轴套4右端的内螺纹紧密配合，其配合间隙可用螺母 7 调整，使测微螺杆可在螺纹轴套 4 螺孔中很自如地旋转而间隙极小。测微螺杆右端的外圆锥与接头 8 的内圆锥配合，接头上开有轴向槽，能沿着测微螺杆的外圆锥胀大，使微分筒 6 与测微螺杆结合成一体。

（2）千分尺的工作原理　千分尺是应用螺旋副的传动原理，将角位移转变为直线位移。测微螺杆的螺距为 0.5mm 时，固定套筒上的标尺间距也是 0.5mm，微分筒的圆锥面上刻有 50 等分的圆周刻线。将微分筒旋转一圈时，测微螺杆轴向位移 0.5mm；当微分筒转过一格时，测微螺杆轴向位移 $0.5 \times 1/50\text{mm} = 0.01\text{mm}$，这样，可由微分筒上的刻度精确地读出测微螺杆轴向位移的小数部分。因此，千分尺的分度值为 0.01mm。

常用的外径千分尺的测量范围有 $0 \sim 25\text{mm}$、$25 \sim 50\text{mm}$、$50 \sim 75\text{mm}$ 以至几米以上，但测微螺杆的测量位移一般均为 25mm。外径千分尺的读数如图 2-10 所示。

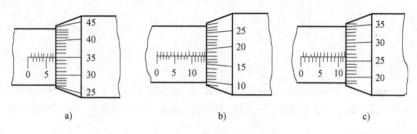

图 2-10　外径千分尺读数举例
a）8.35mm　b）14.68mm　c）12.765mm

在使用千分尺时，如果微分筒的零线与固定套筒的中线没有对准，可记下差数，以便在测量结果中除去；也可在测量前加以调整。

3. 机械量仪

机械量仪是利用机械结构将直线位移经传动、放大后，通过读数装置表示出来的一种测量器具。机械量仪应用十分广泛，主要用于长度的相对测量以及形状和相互位置误差的测量等。

机械量仪的种类很多，主要有百分表、内径百分表、杠杆百分表、扭簧比较仪和机械比较仪等。

（1）百分表　百分表是一种应用最广的机械量仪，其外形及传动见图 2-11。

从图 2-11 可以看到，当切有齿条的测量杆 5 上下移动时，带动与齿条相啮合的小齿轮 1 转动，此时与小齿轮固定在同一轴上的大齿轮 2 也跟着转动。通过大齿轮即可带动中间齿轮 3 及与中间齿轮固定在同一轴上的指针 6。这样通过齿轮传动系统就可将测量杆的微小位移经放大转变为指针的偏转，并由指针在刻度盘上指示出相应的数值。

为了消除齿轮传动系统中由于齿侧间隙而引起的测量误差，在百分表内装有游丝 8，由游丝产生的扭转力矩作用在大齿轮 7 上，大齿轮 7 也与中间齿轮 3 啮合，这样可保证齿轮在正、反转时都在同一齿侧面啮合。弹簧 4 是用来控制百分表测量力的。

百分表的分度值为 0.01mm，表盘圆周刻有 100 条等分刻线。因此，百分表的齿轮传动系统应使测量杆移动 1mm 时，指针回转一周。百分表的标尺范围有：$0 \sim 3\text{mm}$、$0 \sim 5\text{mm}$、$0 \sim 10\text{mm}$ 三种。

（2）内径百分表　内径百分表是一种用相对测量法测量孔径的常用量仪，它可测量 $6 \sim 1000\text{mm}$ 的内尺寸，特别适合于测量深孔。

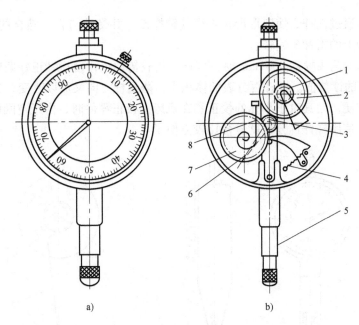

图2-11　百分表

1—小齿轮　2、7—大齿轮　3—中间齿轮　4—弹簧　5—测量杆　6—指针　8—游丝

内径百分表的结构如图2-12所示，它由百分表和表架等组成。

百分表6的测量杆3与传动杆4始终接触，弹簧5是控制测量力的，并经传动杆4、杠杆7向外顶着活动测量头8。测量时，活动测量头8的移动使杠杆7回转，通过传动杆4推动百分表6的测量杆，使百分表指针偏转。由于杠杆7是等臂的，当活动测量头移动1mm时，传动杆也移动1mm，并推动百分表指针回转一周。所以，活动测量头的移动量可以在百分表上读出来。

定位装置9起找正直径位置的作用，因为可换测量头1和活动测量头8的轴线实为定位装置的中垂线，此定位装置保证了可换测量头和活动测量头的轴线位于被测孔的直径位置上。

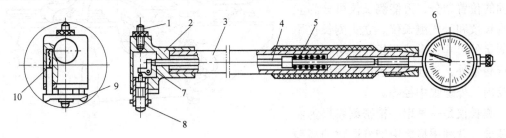

图2-12　内径百分表

1—可换测量头　2—测量套　3—测量杆　4—传动杆　5、10—弹簧　6—百分表
7—杠杆　8—活动测量头　9—定位装置

内径百分表活动测量头的位移量很小，它的测量范围是由更换或调整可换测量头的长度而达到的。

（3）杠杆百分表　杠杆百分表又称靠表，其分度值为0.01mm，标尺范围一般为±0.4mm。

杠杆百分表的外形与传动原理如图2-13所示。它由杠杆、齿轮传动机构等组成。当测量杆 6 摆动时，通过杠杆 5 使扇形齿轮 4 绕其轴摆动，并带动与它相啮合的小齿轮 1 转动，使固定在同一轴上的指针 3 偏转。

当测量杆 6 的测头摆动 0.01mm 时，杠杆、齿轮传动机构使指针正好偏转一小格，这样就得到 0.01mm 的读数值。杠杆百分表的体积小，测量杆方向又可以改变，在校正工件和测量工件时都很方便，尤其对于小孔的校正和在机床上校正零件时，由于空间限制，百分表放不进去，这时，使用杠杆百分表就显得比较方便了。

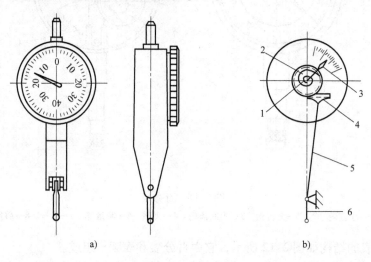

a)   b)

图 2-13   杠杆百分表
1—小齿轮 2—大齿轮 3—指针 4—扇形齿轮 5—杠杆 6—测量杆

4. 万能测长仪

万能测长仪是一种精密量仪，它是一种利用光学系统和电气部分相结合的长度测量仪器，如图 2-14 所示。按测量轴的位置划分，万能测长仪可分为立式测长仪和卧式测长仪。立式测长仪用于测量外尺寸；卧式测长仪除对外尺寸进行测量外，更换附件后还能测量内尺寸及内、外螺纹中径等。

测长仪是一种以一精密刻线尺为实物基准，并利用显微镜细分读数的高精度长度测量仪器，对零件的尺寸可进行绝对测量和相对测量。

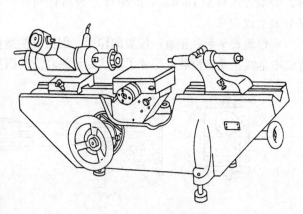

图 2-14   万能测长仪

5. 三坐标测量机（图 2-15）

（1）概述   三坐标测量机的主要功能是：

1）三坐标测量机是一种高效的新型精密测量仪器，可实现空间坐标点的测量，可方便地检测各种零件的三维轮廓尺寸、形状及相互位置精度等。此外，它还可以用于划线、定中心孔、光刻集成线路等。其测量精确可靠，万能性强，广泛地应用于制造、电子、汽车和航

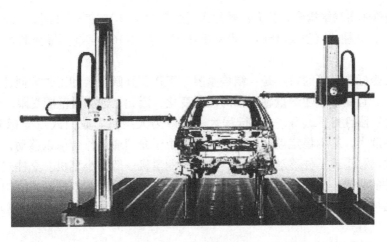

图 2-15　三坐标测量机

空等工业中。

2）由于计算机的引入，三坐标测量机可方便地进行数字运算与程序控制，并具有很高的智能化程度。它不仅可以方便地进行空间三维尺寸的测量，还可以实现主动测量和自动检测。在机械制造工业中，三坐标测量机充分显示了在测量方面的万能性和测量对象的多样性。

（2）三坐标测量机分类

1）三坐标测量机按其工作方式可分为：点位测量方式和连续扫描测量方式。点位测量方式是由测量机采集零件表面上一系列有意义的空间点，通过数学处理，求出这些点所组成的特定几何元素的形状和位置。连续扫描测量方式是对曲线、曲面轮廓进行连续测量，多为大中型测量机所采用。

图 2-16 所示为三坐标测量机的结构形式。测量机三个方向测量轴的相互配置位置，使三

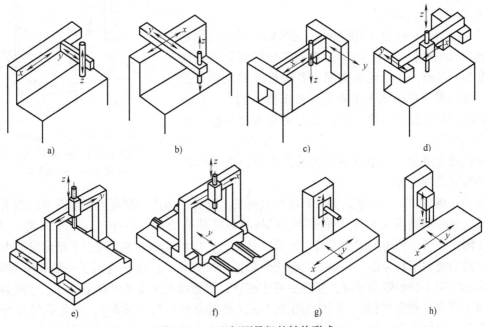

图 2-16　三坐标测量机的结构形式

坐标测量机的总体布局结构形式分为：悬臂式（图2-16a、b）、桥式（图2-16c、d）、龙门式（图2-16e、f）、立柱式（图2-16g）、坐标镗床式（图2-16h）等。每种形式各有特点与其适用范围。

悬臂式三坐标测量机的特点是：结构紧凑，工作面开阔，装卸工件方便，便于测量；但悬臂易于变形，且变形量随测量轴 y 轴的位置变化，因此 y 轴测量范围受限。桥式三坐标测量机的特点是：刚性好，x、y、z 的行程大，一般为大型机。龙门式三坐标测量机的特点是：龙门架刚度大，结构稳定性好，精度较高。由于龙门或工作台可以移动，使装卸工件方便，但考虑龙门移动或工件移动的惯性，龙门式测量机一般为小型机。立柱式三坐标测量机适合大型工件的测量。坐标镗床式三坐标测量机的结构与镗床基本相同，结构刚性好，测量精度高，但结构复杂，适用于小型工件的测量。在模具的制造和检验中，常用的形式为桥式、龙门式和立柱式。

2）三坐标测量机按测量范围可分为大型、中型和小型。

3）三坐标测量机按精度可分为两类：一类是精密型，一般放在有恒温条件的计量室内，用于精密测量，分辨率一般为 $0.5 \sim 2 \mu m$；另一类为生产型，一般放在生产车间内，用于生产过程检测，并可进行末道工序的精加工，分辨率为 $5 \mu m$ 或 $10 \mu m$。

（3）三坐标测量机的构成　尽管三坐标测量机的规格品种很多，但其基本组成主要由测量机主体、测量系统、控制系统和数据处理系统组成。

1）三坐标测量机的主体。测量机主体的运动部件包括：沿 x 向移动的主滑架5，沿 y 向移动的副滑架4，沿 z 向移动的 z 轴3，以及底座、测量工作台1。图2-17 所示为中国航天精密机械研究所 CIOTA 系列三坐标测量机，其三向导轨为气浮结构，由手柄或 CNC 控制齿轮传动。测量机的工作台多为花岗岩制成，具有稳定、抗弯曲、抗振动、不易变形等优点。

2）三坐标测量机的测量系统。三坐标测量机的测量系统包括测头和标准器。CIOTA 系列三坐标测量机以金属光栅为标准器，光学读数头用于各坐标轴实现测量数值。三坐标测量机的测头用来实现对工件的测量，它是直接影响测量机测量精度、操作的自动化程度和检测效率的重要部件。

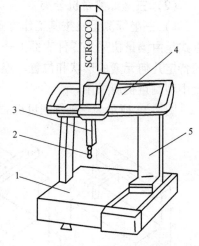

图2-17　CIOTA 系列三坐标测量机
1—测量工作台　2—测头　3—z 轴
4—副滑架　5—主滑架

按测量方法分，三坐标测量机的测头可分为接触式和非接触式两种类型。

接触式测头又分为机械式测头和电气式测头。此外，生产型测量机还配有专用测头式切削工具，如专用铣削头和气动钻头等。机械接触式测头为具有各种形状（如锥形、球形）的刚性测头、带千分表的测头以及划针式工具。机械接触式测头主要用于手动测量，由于手动测量的测量力不易控制，测量力的变化会降低瞄准精度，因此只适用于一般精度的测量。电气接触式测头的触端与被测件接触后可作偏移，传感器输出模拟位移量信号。这种测头既可以用于瞄准（过零发信），也可以用于测微（测给定坐标值的偏差），因此电气接触式测头主要分为电触式测头和三向测微电感测头，其中电触式开关测头应用较广泛。

电触式开关测头是用于瞄准的电触式开关测头，它利用电触头的开合触点进行单一瞄准，其结构及工作原理如图 2-18 所示。测头主体由上主体 2 与下底座 10 及 3 根防转杆 1 组成。测杆 11 装在测头座 7 上，其底面装有按 120°均布的 3 个圆柱体 8，圆柱体与装在下底座上的 6 个钢球 9 两两相配，组成 3 对钢球接触副。测头座为半球形，顶部的压力弹簧 5 向下压紧，使接触副保持接触。弹簧力大小用螺杆 4 调节。电路导线由插座 3 引出。

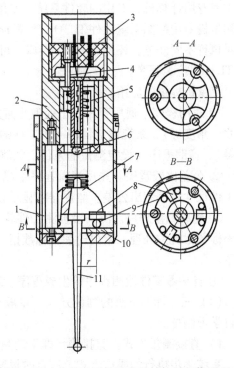

图 2-18　电触式开关测头的结构及工作原理
1—防转杆　2—上主体　3—插座　4—螺杆
5—压力弹簧　6—指示灯　7—测头座
8—圆柱体　9—钢球　10—下底座　11—测杆

电触式开关测头的工作原理相当于零位发信开关。当 3 对钢球分别与下底座 10 上的印刷线路接触，此时指示灯熄灭。当测头与被测件接触时，外力使测头发生偏移，此时钢球接触副必然有 1 对脱开，而发出过零信号，表示已记数。同时指示灯发出闪光信号，表示测头已碰上工件且偏离了原位。当测头与被测件脱离时，外力消失，压力弹簧 5 使测头回到原始位置。

图 2-19a 所示为点测量电触开关式单测头。图 2-19b 所示为两轴可转角测头，其测头座可使测头以 7.5°的步长，在 ±180°之间的水平方向回转，在 0°～+105°之间的垂直方向倾斜。图 2-19c 所示为多头测头，其测头座可同时安装 5 个测头。

非接触式测头主要由光学系统构成，如投影屏式显微镜、电视扫描头。它适用于软、薄、脆的工件测量。

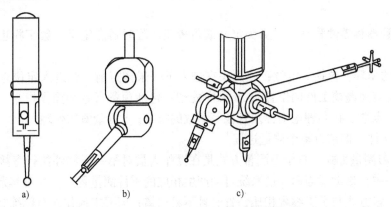

图 2-19　电触开关式测头
a）点测量电触开关式单测头　b）两轴可转角测头　c）多头测头

3）三坐标测量机的控制系统和数据处理系统。计算机是三坐标测量机的控制中心，用于控制全部测量操作、数据处理和输入输出。三坐标测量机的控制系统和数据处理系统包括通用或专用计算机、专用的软件系统、专用程序或软件包。中国航空精密机械研究所的三坐标测量机专用控制系统软件 TUTOR 为 Windows 版配以中文菜单，支持局域网，可资源共享，同时执行不同任务，还配有 DMIS 接口，可直接把各种具有 DMIS 接口的 CAD 设计参数转换为 TUTOR 检测程序。

测量机提供的应用软件包括：

① 通用程序。通用程序用于处理几何数据，其按照功能可分为测量程序（求点的位置、尺寸、角度等）、系统设定程序（求工件的工作坐标系，包括轴校正、面校正、原点转移程序等）、辅助程序（设定测量的条件，如测头直径的确定、测头数据的修正等）。

② 公差比较程序。先用编辑程序生成公称数据文件，再与实测数据进行比较，从而确定工件尺寸是否超出公差。监视器将显示超出的偏差大小，打印机则打印全部测量结果。

③ 轮廓测量程序。测头沿被测工件轮廓面移动，计算机自动按预定的节距采集若干点的坐标数据机关处理，给出轮廓坐标数据，检测零件各要素的集合特征和形位公差以及相关关系。

④ 自学习零件检测程序的生成程序、统计计算程序、计算机辅助编程程序等。

（4）三坐标测量机的测量方式　一般点位测量有三种测量方式：直接测量、程序测量和自学习测量。

1）直接测量方式。直接测量即手动测量，它是操作人员利用键盘将决定的顺序打入指令，系统逐步执行的操作方式。测量时根据被测零件的形状调用相应的测量指令，以手动或 NC 方式采样，其中 NC 方式是把测头拉到接近测量部位，系统根据给定的点数自动采点。测量机通过接口将测量点坐标值送入计算机进行处理，并将结果输出显示或打印。

2）程序测量方式。程序测量是将测量一个零件所需要的全部操作，按照其执行顺序编程，以文件形式存入磁盘，测量时运行程序，控制测量机自动测量的方法。它适用于成批零件的重复测量。

零件测量程序的结构一般包括以下内容：

① 程序初始化。如制订文件名，存储器置零，对不同于默认条件的某些条件给出有关选择指令。

② 测头管理和零件管理。如测头定义或再校正，临时零点定义，数字找正，建立永久原点等。

③ 测量的循环。包括 a 定位：使测头在进入下一采样点前，先进入定位点（使测头接近采样点时可避免碰撞工件的位置）；b 采样处理：包括预备指令和操作指令，如测孔指令前先给出采样点数、孔心理论坐标及直径等参数的指令；c 测量值的处理。

④ 关闭文件，即结束整个测量过程。

3）自学习测量方式。自学习测量方式是在操作人员对第一个零件执行直接测量方式的正常测量循环中，借助适当命令使系统自动产生相应的零件测量程序，在对其余零件测量时可重复调用。该方式与手工编程相比，省时且不易出错；但要求操作人员熟练掌握直接测量方式，注意操作的目的是获得零件测量程序，注重操作的正确性。

自学习测量过程中，系统可以两种方式进行自学习：对于系统不需要对其进行任何计算的指令，如测头定义、参考坐标系的选择等指令，系统采用直接记录方式；许可记录方式用于测量计算的有关指令，只有当操作人员确认无误时，才可中断零件程序的生成，进入编辑状态进行修改，然后再从断点启动。

（5）三坐标测量机的应用

1）对于在数控机床上加工的形状复杂的零件，当其形状难以建立数学模型使程序编制困难时，常常可以借助于三坐标测量机。通过对木质、塑料、粘土或石膏的模型或实物的测量，得到加工面几何形状的各项参数，经过实物程序软件系统的处理，输出所需结果。例如，高速数字化扫描测量，高速数字化扫描机实际上是一台连续扫描测量方式坐标测量机，主要用于对模具未知曲面进行扫描测量，可将测得的数据存入计算机，根据模具制造的需要，实现：

① 对扫描模型进行凸凹模转换，生成需要的 CNC 加工程序。

② 借助绘图设备和绘图软件得到复杂零件的设计图样，即生成各种 CAD 数据。

2）轻型加工。生产型三坐标测量机除用于零件的测量外，还可用于如划线、打冲眼、钻孔、微量铣削及末道工序精加工等轻型加工，在模具制造中可用于模具的安装、装配。

三坐标划线机即立柱式三坐标测量机，主要用于金属加工中精密划线和外形轮廓检测，特别适用于大型工具制造、模具制造、汽车和造船制造业及铸件加工等。它与三坐标测量机在结构和精度上有较大区别，属于生产适用型三坐标机，可承受检测环境较恶劣的划线和计量测试技术工作。因此，在模具制造中，特别是在大型覆盖件冷冲模具制造中，它得到了广泛应用。

图 2-20 所示的立柱式三坐标划线机，由机械主体部分和数字显微处理系统组成。其机械主体部分主要包括立柱 1、基座 6、水平臂 2、支承箱 3、测头 4 及一侧带导槽的工作台 5 等。仪器基座可在工作台导槽中移动或定位锁紧，水平臂可在支承箱中作水平移动。在划线或检测时，工件一次定位即能完成三个面的划线或检测，效率高，相对精度高，反映问题迅速。数字显微处理系统由光栅编码器、无滑滞滚动的角度—长度转换装置和微电脑数显电器等组成。仪器的量程范围大，可用于相对或绝对坐标数据显示、米制和英制转换及数据打印。

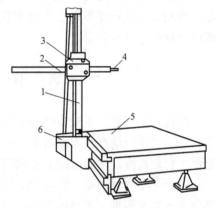

图 2-20 立柱式三坐标划线机
1—立柱 2—水平臂 3—支承箱
4—测头 5—工作台 6—基座

3）多种几何量的测量。测量前必须根据被测件的形状特点选择测头并进行测头的定义和校验，并对被测件的安装位置进行找正。

① 测头的定义和校验。在测量过程中，当测头接触零件时，计算机将存入测头中心坐标，而不是零件接触点的实际坐标，因而测头的定义包括测头半径和测杆的长度造成的中心偏置，以及多测头测量时各个测头定义代码。测量测头的校验还包括使计算机记录各测头沿测量机不同方向测同一测点时的长度差别，以便实际测量时系统能自动补偿。测头的定义和校验可直接调用测头管理程序、参考点标定和测头校正程序来进行，将各测头分别测量固定在工作台上已标定的标准球或标准块，计算机即根据各测头测量时的坐标值计算出各测头的

实际球径和相互位置尺寸，并将这些数据存储于寄存器内作为以后测量时的补偿值。经过校验的不同测头测同一点时，可得到同样的测量结果。

② 零件的找正。零件的找正是指在测量机上用数学方法为工件的测量建立新的坐标基准。测量时，工件任意地放置在工作台上，其基准线或基准面与测量机的坐标轴（x、y、z 轴的移动方向）不需要精确找正。为了消除这种基准不重合对测量精度的影响，用计算机对其进行坐标转换，根据新基准计算校正测量结果。因此，这种零件找正的方法称为数学找正。

零件找正的主要步骤有：第一，根据采用的三维找正或二维找正方法，确定初始参考坐标系。第二，运行找正程序。第三，选定第一坐标轴。第四，调用相应子程序进行测量并存储结果。第五，选定第二坐标轴。第六，调用相应子程序进行测量并存储结果。对于三维找正中的第三轴，系统会自动根据右手坐标准则确定。举例如下：

图 2-21 所示为零件三维找正的实例，调用"平面指令"，测上表面三点或多点，计算机根据测得值计算出表面法线与 z 轴在两个方向上的夹角，以后测量时将此角度值加以换算，即将上表面换算到 x、y 轴所在平面，这可称为空间坐标转换。调用"测孔"指令测量孔表面多点，可计算出其轴线为 z 轴方向。

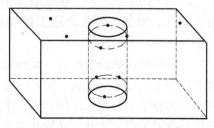

图 2-21　零件三维找正的实例

在找正程序中还有"测球"、"测圆"、"测对称点"等指令以适用于零件上体现测量基准的各种几何元素。零件测量坐标系设定后，即可调用测量指令进行测量。

第三节　测量误差的基本知识

任何一次测量，不管我们测量得如何仔细，采用的计量器具如何精密，测量方法如何可靠，总不可避免地存在测量误差。所以，任何测得值都不可能绝对精确，只是在某种程度上近似于它的真值，它们之间的差别即为测量误差。

由于存在测量误差，测得的实际尺寸不可能是真值。即使对同一零件同一表面上的同一部位进行多次测量，所得的测量结果也是有变动的。这些就是测量误差的表现形式。

测量误差是指被测值的实际测得值与真值之差，用公式表示为

$$\delta = l - \mu$$

式中　δ——测量误差；

　　　l——被测值的实际测得值；

　　　μ——被测值的真值。

由于 l 可能大于或小于 μ，所以 δ 可能为正值或负值，若不计其符号的正负，故上式也可用绝对值表示，即为

$$|\delta| = |l - \mu|$$

上式反映出测得值偏离真值大小的程度，测量误差的绝对值越小，说明测得值越接近于真值，因而测量的精确度越高，反之，测量的精确度就越低。

测量误差虽是不可避免的，但却可以控制，因为各种测量误差都有其产生的原因和影响测量结果的规律。为了提高测量精确度，就必须减小测量误差，要减小测量误差，则应了解测量误差产生的原因。

一、测量误差的来源

（1）器具误差　器具误差是指测量器具本身的误差，它是由测量器具的设计、制造、装配和使用调整的不准确而引起的。

（2）方法误差　方法误差是指选择的测量方法和定位方式不完善所引起的误差。如采用近似的测量方法或间接测量法等造成的误差。

（3）环境影响　由于环境因素与要求的标准状态不一致而引起了测量误差。测量过程中环境条件的影响因素有：温度、湿度、振动、灰尘等，其中温度影响最大。

（4）人为误差　人为误差是指由于人为的原因所引起的测量误差。如测量人员眼睛的最小分辨能力和调节能力；测量技术的熟练程度、测量习惯以及疏忽等因素所引起的测量误差。

总之，造成测量误差的因素很多，所以测量人员应对一些可能产生测量误差的原因进行分析，掌握其影响规律，设法消除或减少其对测量结果的影响，以提高测量的精确度。

二、测量误差的分类

按照误差的特点与性质，测量误差可分为：

（1）系统误差　在相同条件下多次重复测量时，绝对值和符号保持不变或按一定规律变化的误差称为系统误差。由于系统误差的规律是可知的，因而可以设法消除系统误差或在测量结果中加以修正。

（2）随机误差　在相同条件下重复测量时，绝对值和符号以不可预定的方式变化的误差称为随机误差，又称为偶然误差。随机误差的大小和方向是随机的，它产生的原因往往比较复杂或还未可知。任何一次测量的随机误差总是不可避免的，虽然不能消除它，但可以减少并控制其对测量结果的影响。

（3）粗大误差　由于测量人员主观上的疏忽或客观条件的剧变，如突然振动等所造成的误差称为粗大误差。粗大误差使测量结果明显歪曲，所以应剔除带有粗大误差的测量值。

三、随机误差的特性

在同一条件下对同一被测值进行重复测量时，绝对值和符号以不可预定方式变化着的误差称为随机误差。从表面上看，随机误差毫无规律，表现出纯粹的偶然性。

例如，对某一零部件用相同办法进行150次重复测量，可得150个测得值，然后将测得值进行分组，从7.31、7.32、…、7.40、7.41，每隔0.01为一组，分为11组，各测得值见表2-2。

若以横坐标表示测得值 l_i，纵坐标表示相对出现次数 n_i/N，则得到图形（见图2-22a），连接每个小方图的上部中点得一折线，称为实际分布曲线。如果总测量次数 $N \to \infty$，而间隔 $\Delta l \to 0$，则可得到图2-22b所示的光滑曲线，即随机误差的正态分布曲线，也称高斯曲线。

表2-2　某零部件测得值分组

测得值 l_i	测得值的中值	出现次数 n_i	相对出现次数 n_i/N
7.305 ~ 7.315	7.31	1	0.007
7.315 ~ 7.325	7.32	3	0.020
7.325 ~ 7.335	7.33	8	0.053
7.335 ~ 7.345	7.34	18	0.120
7.345 ~ 7.355	7.35	28	0.187
7.355 ~ 7.365	7.36	34	0.227
7.365 ~ 7.375	7.37	29	0.193
7.375 ~ 7.385	7.38	17	0.113
7.385 ~ 7.395	7.39	9	0.060
7.395 ~ 7.405	7.40	2	0.013
7.405 ~ 7.415	7.41	1	0.007

注：l_i——每次的测得值；

　　n_i——某一测得值出现的次数；

　　N——总测量次数。

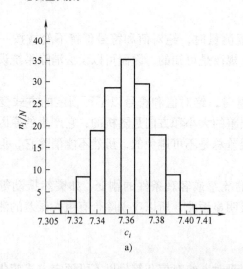
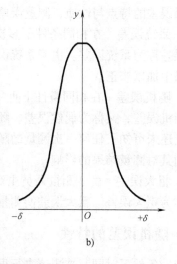

图 2-22　随机误差的特性示意图

a) 频率直方图　b) 正态分布曲线

从上述测量结果中可以看出，随机误差具有下列四大特性：

（1）对称性　绝对值相等的正误差与负误差出现的次数近似相等，图形近似对称分布，测得值的平均值 $\bar{l}$ 为分布中心，这一特性称为对称性。

（2）单峰性　绝对值小的误差比绝对值大的误差出现的次数多，图形呈单峰。

（3）有界性　在一定条件下，随机误差的绝对值不会超过一定的界限。

（4）抵偿性　在相同条件下，对同一被测量进行重复测量，随机误差的算术平均值随测量次数的无限增加而趋于零。这一特性可从特性（1）推导出来，因为绝对值相等的正误差与负误差之和可以相互抵消，故称抵偿性。

复习思考题

一、判断题（正确的打√，错误的打×）

1. 量规只能用来判断零件是否合格，不能得出具体尺寸。（　　）
2. 计量器具的标尺范围即测量范围。（　　）
3. 我国法定计量单位中，长度单位是米（m），与国际单位不一致。（　　）
4. 使用的量块越多，组合的尺寸越精确。（　　）
5. 精密度高，正确度就一定高。（　　）

二、多项选择题

1. 由于测量器具零位不准而出现的误差属于_____。

A. 随机误差　　　　B. 系统误差　　　　C. 粗大误差

2. 用万能测长仪测量内孔的直径，属于_____。

A. 直接测量　　　　B. 间接测量　　　　C. 绝对测量　　　　D. 相对测量

3. 下列因素中引起系统误差的有_____。

A. 测量人员的视差　　　　　　　B. 光学比较仪的示值误差

C. 测量过程中温度的波动　　　　D. 千分尺测微螺杆的螺距误差

4. 产生测量误差的因素主要有_____。

A. 计量器具的误差　　　　　　　B. 测量方法的误差

C. 安装定位误差　　　　　　　　D. 环境条件所引起的误差

5. 为了提高测量精度，应选用_____。

A. 间接测量　　　　　　　　　　B. 绝对测量

C. 相对测量　　　　　　　　　　D. 非接触式测量

三、综合题

1. 测量的定义是什么？一个完整的测量过程应包含哪几个组成部分？
2. 长度基准有哪几种？在机械制造中为什么用量块作为长度基准？
3. 根据 GB/T 6093—2001 规定的 83 块成套量块，选择组成尺寸 59.995mm 的量块组。

实验一 用千分尺测量外径

一、测量对象和要求

1. 被测件名称（编号）
2. 被测件尺寸及公差代号：基本尺寸_____，上偏差_____，下偏差_____
3. 被测件极限尺寸（mm）为_____和_____
4. 验收极限尺寸（mm）为_____和_____

二、测量器具

器具名称	分度值/mm	标尺范围/mm	测量范围/mm
外径千分尺			

三、测量记录和计算

测量位置		实际偏差/mm		实际尺寸/mm	
		1—1	2—2	3—3	4—4
测量方向	$A—A'$				
	$B—B'$				

四、测量部位图

五、判断合格性

姓名学号		指导教师		成绩	

实验二　用内径百分表检测孔

一、测量对象和要求

1. 被测件名称（编号）
2. 被测件尺寸及公差代号：基本尺寸_____，上偏差_____，下偏差_____
3. 被测件极限尺寸（mm）为_____和_____
4. 验收极限尺寸（mm）为_____和_____

二、测量器具

器具名称	分度值/mm	标尺范围/mm	测量范围/mm
内径百分表			

三、测量记录和计算

测量位置		实际偏差/mm		实际尺寸/mm	
		1—1	2—2	3—3	4—4
测量方向	A—A′				
	B—B′				

四、测量示意图

五、判断合格性

姓名学号		指导教师		成绩	

实验三　用游标卡尺测量内径

一、测量对象和要求

1. 被测件名称（编号）
2. 被测件尺寸及公差代号：基本尺寸_____，上偏差_____，下偏差_____
3. 被测件极限尺寸（mm）为_____和_____
4. 验收极限尺寸（mm）为_____和_____

二、测量器具

器具名称	分度值/mm	标尺范围/mm	测量范围/mm
游标卡尺			

三、测量记录和计算

测量位置		实际偏差/mm			实际尺寸/mm		
		1—1	2—2	3—3	4—4	5—5	6—6
测量方向	A—A'						
	B—B'						

四、测量部位图

五、判断合格性

姓名学号		指导教师		成绩	

第三章

几何公差与测量

第一节　概　　述

本章主要介绍几何公差的有关内容。图 3-1a 所示为一对孔和轴组成的间隙配合。小轴加工后的实际尺寸和形状如图 3-1b 所示。由于形状误差的影响，轴与孔无法进行装配。图 3-2a 所示为一对台阶轴和台阶孔，图 3-2b 所示为台阶轴加工后的实际尺寸和形状。加工后的尺寸是合格的，但由于基本尺寸为 $\phi29mm$ 和 $\phi14mm$ 的两段轴的轴线不处在同一直线上，即存在位置误差，因而台阶轴无法装配到合格的台阶孔中。

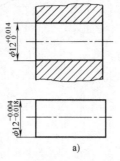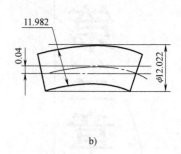

图 3-1　轴形状误差对配合性能的影响
a）图样标注　b）轴实际尺寸和形状误差

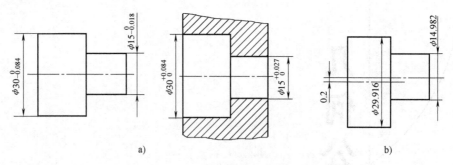

图 3-2　台阶轴的位置误差
a）图样标注　b）台阶轴实际尺寸和形状误差

这就说明仅仅控制零件尺寸公差是不能满足产品精度和互换性要求的，还必须控制几何公差。零件的几何公差影响机器的精度、结合强度、密封性能、工作平稳性、使用寿命等。它是评定产品质量的一项重要技术指标。

一、零件的几何要素

零件的几何要素就是几何公差的研究对象。任何零件不论其结构特征如何，都是由简单的点、线、面所组成。几何公差就是研究这些几何要素的形状和位置精度等要求的。

零件的几何要素可按不同的方式进行分类：

1. 按存在的状态分类

（1）理想要素　理想要素是指具有几何学意义的要素，即几何的点、线、面，它们不存在任何误差。在图样上组成零件的各要素都是理想要素。

（2）实际要素　实际要素是指零件上实际存在的由加工形成的要素，通常用测得的要素来代替。由于测量误差的存在，故无法反映实际要素的真实情况。因此，测得的要素并不是实际客观情况。

2. 按结构特征分类

（1）轮廓（组成）要素 轮廓要素是指构成零件外形的、直接被人们所感觉到的点、线、面要素，如图 3-2 所示的台阶孔的内圆柱面、台阶轴的外圆柱、端面、轴肩面以及内圆柱和外圆柱面的素线等。

（2）中心（导出）要素 中心要素是指构成零件轮廓的对称中心的点、线、面要素，如零件的轴线、球心、圆心、中心平面等。中心要素虽然不能被人们所直接感觉到，但它随着相应轮廓要素的存在而客观地存在着。

3. 按在几何公差中所处地位分类

（1）被测要素 被测要素是指在图样上给出几何公差要求后即形成了检测对象的要素。被测要素又可分为两种：

1）单一要素。单一要素是指仅对其本身给出形状公差要求的要素，如直线度、平面度、圆度、圆柱度等。

2）关联要素。关联要素是指对其他要素有功能要求且给出了位置公差要求的要素。功能要求是指要素间确定的方向和位置关系，如平行度、垂直度、同轴度、对称度等。

（2）基准要素 基准要素是指用来确定被测要素方向和位置的要素。作为基准要素的理想要素简称为基准。

二、几何公差的种类

1. 几何公差的项目、符号及分类

GB/T 1182—2008《产品几何技术规范（GPS）几何公差 形状、方向、位置和跳动公差标注》规定，几何公差共有 19 项，各项目的名称、符号及分类见表 3-1。由表可见，形状公差有 6 项，方向公差有 5 项，位置公差有 6 项，跳动公差有 2 项。几何公差的其他附加符号见表 3-2。

表 3-1 几何特征符号（GB/T 1182—2008）

公差类型	几何特征	符 号	有无基准
形状公差	直线度	—	无
	平面度	▱	无
	圆度	○	无
	圆柱度	⌀	无
	线轮廓度	⌒	无
	面轮廓度	⌓	无
方向公差	平行度	∥	有
	垂直度	⊥	有
	倾斜度	∠	有

（续）

公差类型	几何特征	符 号	有 无 基 准
方向公差	线轮廓度	⌒	有
	面轮廓度	⌓	有
位置公差	位置度	⊕	有或无
	同轴度（用于中心点）	◎	有
	同轴度（用于轴线）	◎	有
	对称度	═	有
	线轮廓度	⌒	有
	面轮廓度	⌓	有
跳动公差	圆跳动	⟋	有
	全跳动	⟋⟋	有

表 3-2 附加符号

符 号	说 明
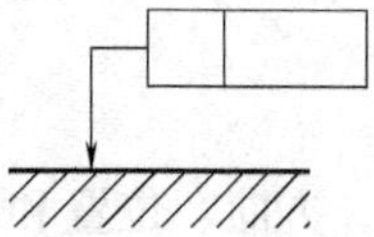	被测要素
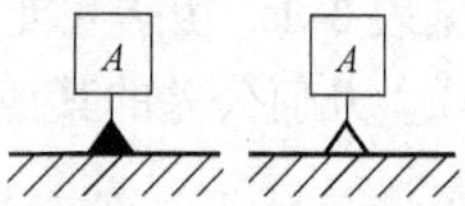 A A	基准要素
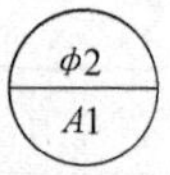 φ2 / A1	基准目标
50	理论正确尺寸
Ⓟ	延伸公差带
Ⓜ	最大实体要求
Ⓛ	最小实体要求
Ⓕ	自由状态条件（非刚性零件）
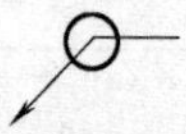 ⊘	全周（轮廓）
Ⓔ	包容要求

（续）

符　号	说　明
CZ	公共公差带
LD	小径
MD	大径
PD	中径、节径
LE	线素
NC	不凸起
ACS	任意横截面

注：1. GB/T 1182—1996 中规定的基准符号为 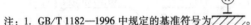。

2. 如需标注可逆要求，可采用符号 Ⓡ 见 GB/T 16671。

2. 几何公差各项目的含义

（1）形状公差的定义　形状公差是指单一实际要素的形状所允许的变动量。

形状公差是图样上给定的，如测得零件实际形状误差值小于形状公差值，则零件的形状合格。

根据零件的功能，往往在形体各部位上有着方向、位置等要求，因此，必须给出相应公差。

（2）方向、位置和跳动公差的定义　方向、位置和跳动公差是指关联实际要素的方向、位置和跳动对基准所允许的变动量。

方向、位置和跳动公差是图样上给定的，如测得的零件实际位置误差小于相应公差值，则零件的位置合格。

1）方向公差是指关联实际要素对基准在方向上允许的变动量。

2）位置公差是指关联实际要素对基准在位置上允许的变动量。

3）跳动公差是指关联实际要素绕基准轴线回转一周或连续回转时所允许的最大跳动量。

三、基准

1. 基准的概念

基准是确定被测要素方向和位置的依据，图样上标注的任何一个基准都是理想要素，但实际上都要由零件上相应的实际要素来体现。零件上起基准作用的实际要素称为基准实际要素。在零件的加工和测量中，通常是用与基准实际要素相接触且形状足够精确的表面来模拟基准。例如，用平台的工作面来模拟基准平面，用与孔成无间隙配合的心轴表面来模拟孔的基准轴线，轴的轴线可用 V 形块来体现。

2. 基准的类型

基准按几何特征可分为基准点、基准直线和基准平面三种，根据它们的构成情况，基准可分为以下几种类型：

（1）单一基准　由一个要素（如一个平面、一条轴线）建立的基准称为单一基准，如图3-3所示的大端轴线建立的基准。

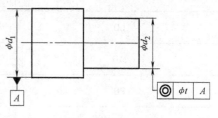

图3-3　单一基准

（2）组合基准（公共基准）　由两个或两个以上的要素共同建立而作为单一基准使用的基准称为组合基准或公共基准，如图3-4所示的由两段轴线 *A*、*B* 建立的基准 *A-B*。

（3）成组基准　由某一要素组（如孔组）所建立的基准称为成组基准。如图3-5所示，基准 *C* 即为四孔所建立的成组基准，它表示四孔组的分布中心线为基准轴线。

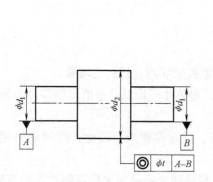

图3-4　组合基准

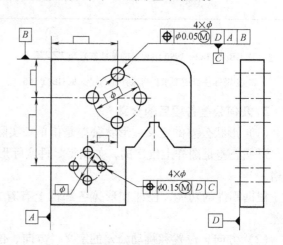

图3-5　成组基准

第二节　形状、方向、位置和跳动公差的标注方法

为了控制零件的几何误差，根据GB/T 1182—2008的规定，在图样上一般均应采用代号标注。当无法采用代号标注（如现有的公差项目无法表达的技术要求或采用代号标注十分复杂）时，允许在技术要求中用文字说明。

一、几何公差代号

几何公差代号包括：几何特征符号、几何公差框格和指引线、几何公差数值和其他有关符号。

1. 公差框格及填写的内容

如图3-6所示，用公差框格标注几何公差时，公差要求注写在划分成两格或多格（格数多少由填写内容决定）的矩形框格内，各格从左到右顺序标注以下内容：

1）几何特征符号。

2）公差值：以线性尺寸表示的量值。如果公差带为圆形或圆柱形，公差值前应加注符号"ϕ"；如果公差带为圆球形，公差值前应加注符号"$S\phi$"。

3）基准：用一个字母表示单个基准或用几个字母表示基准体系或公共基准，如图 3-6b ~ e 所示。

当某项公差应用于几个相同要素时，应在公差框格上方被测要素的尺寸之前注明要素的个数，并在两者之间加上符号"×"，如图 3-7a、b 所示。

如果需要限制被测要素在公差带内的形状，应在公差框格的下方注明，如图 3-7c 所示。

如果需要就某个要素给出几种几何特征的公差，可将一个公差框格放在另一个的下面，如图 3-7d 所示。

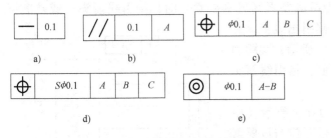

图 3-6　公差框格填写示例

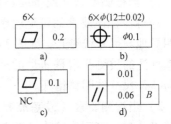

图 3-7　公差框格填写示例

2. 指引线

如图 3-8 所示，公差框格用指引线与被测要素联系起来。指引线由细实线和箭头构成，它从公差框格的一端引出，并保持与公差框格端线垂直，指向被测要素时允许弯折，但不得多于两次。指引线的箭头应指向公差带的宽度方向或直径。

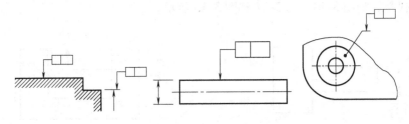

图 3-8　指引线引向被测要素的方式

3. 基准

与被测要素相关的基准用一个大写字母表示。字母标注在基准方格内，与一个涂黑的或空白的三角形相连，如图 3-9a、b 所示。涂黑的和空白的基准三角形含义相同。

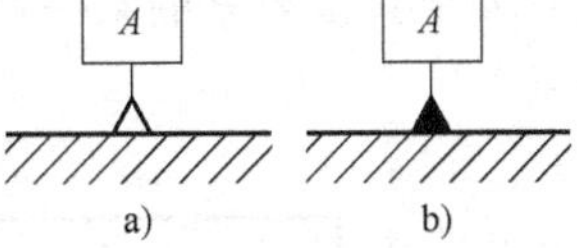

带基准字母的基准三角形应按如下规定放置：当基准要素是轮廓线或轮廓面时，基准三角形放置在要素的轮廓线或其延长线上，与尺寸线明显错开，如图 3-10 所示，也可放置在该轮廓面引出线的水平线上，如图 3-11 所示。

图 3-9　基准符号

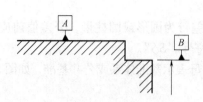

图 3-10　基准符号的用法（一）

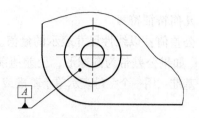

图 3-11　基准符号的用法（二）

二、被测要素和基准要素的标注方法

被测要素和基准要素按下列要求进行标注：

1）当被测要素（或基准要素）为组成要素（轮廓要素）时，指引线箭头（或基准符号）应标注在该要素的可见轮廓线或其引出线上，并应明显地与尺寸线错开，如图 3-12 上方所示，圆跳动公差标注的被测要素是 ϕd_2 的外圆柱面，指引线箭头应与 ϕd_2 尺寸线明显错开。

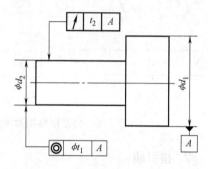

2）当被测要素（或基准要素）为导出要素（中心要素）时，指引线箭头（或基准符号）应与该要素的尺寸线对齐，如图 3-12 所示下方左右两处的基准符号。

图 3-12　轮廓要素和中心要素的标注

3）当被测要素（或基准要素）为确定的轴线、中心平面或中心点时，基准三角形应放置在该尺寸线的延长线上。如果没有足够的位置标注基准要素尺寸的两个尺寸箭头，则其中一个箭头可用基准三角形代替，如图 3-13、图 3-14 和图 3-15 所示。

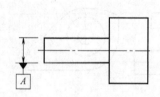

图 3-13　中心要素的标注（一）

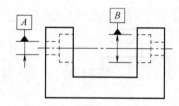

图 3-14　中心要素的标注（二）

如果只以要素的某一局部作基准，则应用粗点画线表示出该部分并加注尺寸，如图3-16所示。

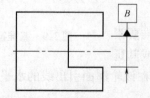

图 3-15　中心要素的标注（三）

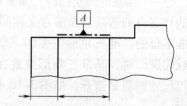

图 3-16　局部要素作基准的标注

4）当被测要素（或基准要
素）为圆锥体的轴线时，指引线的
箭头（或基准符号）应与圆锥的
直径尺寸线（大端或小端）对齐，
如图 3-17 所示。若直径尺寸不能
明显地区分圆锥体和圆柱体，则应
在圆锥体内画出空白尺寸线，并将
指引线箭头（或基准符号）与该
空白尺寸线对齐，如图 3-18 所示。

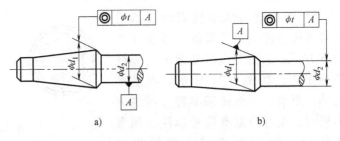

图 3-17　圆锥轴线要素的标注
a）圆锥轴线为被测要素　b）圆锥轴线为基准轴线

5）当指引线的箭头（或基准符号）与尺寸线的箭头重叠时，尺寸线的箭头可以省略，如图 3-19 所示。

6）以螺纹轴线为被测要素或基准要素时，默认为螺纹中径圆柱的轴线，否则应另有说明，例如用"MD"表示大径，用"LD"表示小径，如图 3-20 所示。

以齿轮、花键轴线为被测要素或基准要素时，需说明所指的要素，如用"PD"表示节径，用"MD"表示大径，用"LD"表示小径。

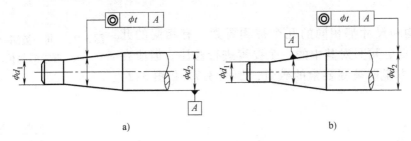

图 3-18　基准符号的用法
a）圆锥轴线为被测要素　b）圆锥轴线为基准轴线

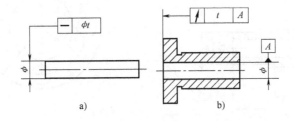

图 3-19　省略尺寸箭头的标注
a）指引线箭头代替尺寸线箭头　b）基准符号代替尺寸线箭头

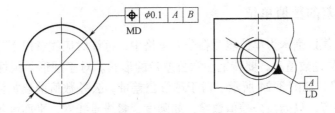

图 3-20　螺纹要素的标注

7）当基准为成组要素时，基准符号可标注在成组要素的尺寸引出线的下方，或标注在该组要素的公差框格的下方，如图 3-21 所示。当基准为单一要素，但标注基准符号的地方不够时，也可将基准符号标注在该要素的尺寸引出线或其公差框格的下方。

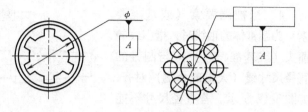

图 3-21　引出基准的标注

三、几何公差的简化标注方法

1）当同一被测要素有多项几何公差要求，其标注方法又一致时，可以将这些公差框格绘制在一起，并用一条指引线指向被测要素，如图 3-22 所示。

2）不同被测要素有同一公差要求时，可以在同一指引线上绘制多个指示箭头，分别指向各被测要素，如图 3-23 所示。

3）结构和尺寸都相同的几个被测要素，有相同的几何公差要求时，可只对其中的一个要素进行标注，但应在该框格的上方说明被测要素的数量，如图 3-7b 和图 3-24 所示。

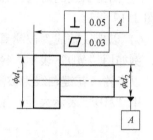

图 3-22　同一被测要素有多项要求时的标注

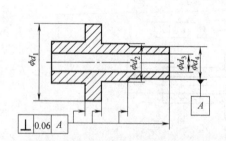

图 3-23　不同被测要素有同一公差要求的标注

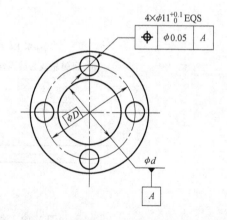

图 3-24　几个被测要素有相同公差要求时的标注

四、几何公差的数值单位

几何公差的数值以毫米为单位填写在公差框格中，标注时应注意以下三方面的内容：

1）标注几何公差数值时，要特别注意公差带的形状。对于圆形、圆柱形公差带，公差数值前要加注"ϕ"，如图 3-24 所示。对于球形公差带，公差数值前要加注"$S\phi$"。对于以宽度值表示的公差带，只标注公差值数字，如圆度、素线直线度、平面度等。

2）如果所标注的几何公差有附加说明时，则被测范围为箭头所指的整个被测要素。如果对被测范围有要求，则在公差数值一格中作相应的说明，如图3-25所示。图3-25a表示被测要素在任意100mm长的范围内，直线度公差为0.02mm。图3-25b表示被测平面在任意一个边长为500mm的正方形区域内，其平面度公差为0.04mm。在图3-25c和图3-25d中，分子表示整个被测要素的公差数值，分母表示给定范围的公差数值。

3）对几何公差有附加要求时，在公差数值的后边加注有关符号。附加符号的含义及其标注方法见表3-3。

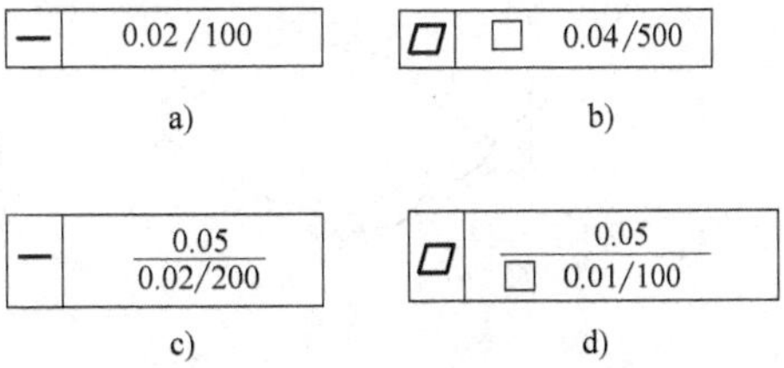

图3-25　引出基准的标注
a）给定范围的直线度公差
b）给定范围的平面度公差
c）同时给出整个被测直线和给定范围的直线度公差
d）同时给出整个被测平面和给定范围的平面度公差

表3-3　几何公差附加符号含义及其标注方法（摘自GB/T 1182—1996）

含　义	符　号	举　例
只许中间向材料内凹下	(−)	— | t (−)
只许中间向材料外凸起	(+)	▱ | t (+)
只许从左至右减小	(▷)	⌭ | t (▷)
只许从右至左减小	(◁)	⌭ | t (◁)

第三节　公　差　带

一、公差带的概念

与尺寸公差带的概念相似，几何公差带是限制实际被测要素变动的区域，只要被测要素能够被包含在公差带内，则被测要素就是合格的。几何公差带是形象地解释几何公差要求的非常有效的工具，是正确选择几何误差测量方法的依据。

作为一个由几何图形表示的空间区域，几何公差带具有形状、大小、方向和位置四个要素。公差带的大小是指公差带的宽度或直径，即公差值的大小，它表示形位精度的高低；对于方向和位置两个要素，不同的公差项目和不同条件下的同一项目也是不相同的。

几何公差带的形状是由被测要素的理想形状和公差项目的特征决定的。如图3-26a所示，限制一个平面变动的公差带是两平行平面；如图3-26b所示，限制一个圆在平面内变动的公差带是两同心圆；如图3-26c所示，限制一个圆柱面变动的公差带是两同轴圆柱面。归纳起来，几何公差带的形状主要有以下十种：两平行直线、两等距曲线、两同心圆、一个圆、一个球、一个圆柱、一个四棱柱、两同轴圆柱、两平行平面、两等距曲面。

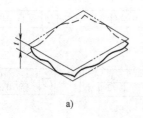 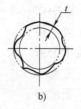 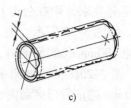

a) b) c)

图 3-26 公差带的形状

a) 平行平面形状公差带 b) 环形公差带 c) 同轴圆柱面形状的公差带

二、形状公差带及其特点

形状公差带的定义、标注和解释见表 3-4。

表 3-4 形状公差带的定义、标注和解释（摘自 GB/T 1182—2008）（单位：mm）

符号	公差带的定义	标注和解释
一、直线度公差		
一	公差带为在给定平面内和给定方向上，间距等于公差值 t 的两平行直线所限定的区域 a—任一距离	在任一平行于图示投影面的平面内，上平面的提取（实际）线应限定在间距等于 0.1 的两平行直线之间 — 0.1
	公差带为间距等于公差值 t 的两平行面所限定的区域	提取（实际）的棱边应限定在间距等于 0.1 的两平行平面之间 — 0.1
	由于公差值前加注了符号 ϕ，公差带为直径等于公差值 ϕt 的圆柱面所限定的区域	外圆柱面的提取（实际）中心线应限定在直径等于 $\phi 0.08$ 的圆柱面之内 — $\phi 0.08$

（续）

符　号	公差带的定义	标注和解释
二、平面度公差		
	公差带为间距等于公差值 t 的两平行平面所限定的区域	提取（实际）表面应限定在间距等于 0.08 的两平行面之间
三、圆度公差		
	公差带为在给定横截面内、半径差等于公差值 t 的两同心圆所限定的区域	在圆柱面和圆锥面的任意截面内，提取（实际）圆周应限定在半径差等于 0.03 的两共面同心圆之间
		在圆锥面的任意横截面内，提取（实际）圆周应限定在半径差等于 0.1 的两同心圆之间
	α—任一横截面	注：提取圆周的定义尚未标准化
四、圆柱度公差		
	公差带为半径差等于公差值 t 的两同轴圆柱面所限定的区域	提取（实际）圆柱面应限定在半径差等于 0.1 的两同轴圆柱面之间
五、无基准的线轮廓度公差		
	公差带为直径等于公差值 t、圆心位于具有理论正确几何形状上的一系列圆的两包络线所限定的区域	在任一平行于图示投影面的截面内，提取（实际）轮廓线应限定在直径等于 0.04、圆心位于被测要素理论正确几何形状上的一系列圆的两包络线之间
	a—任一距离 b—垂直于右视图所在平面	

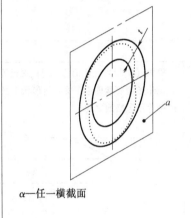

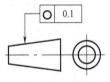

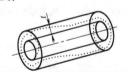

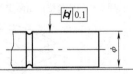

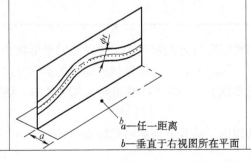

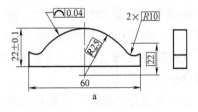

（续）

符　号	公差带的定义	标注和解释
六、相对于基准体系的线轮廓度公差		
	公差带为直径等于公差值 t、圆心位于由基准平面 A 和基准平面 B 确定的被测要素理论正确几何形状上的一系列圆的两包络线所限定的区域 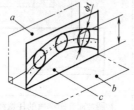 a—基准平面 A_1 b—基准平面 B_1 c—平行于基准 A 的平面	在任一平行于图示投影平面的截面内，提取（实际）轮廓线应限定在直径等于0.04、圆心位于由基准平面 A 和基准平面 B 确定的被测要素理论正确几何形状上的一系列圆的两等距包络线之间 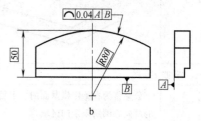
七、无基准的面轮廓度公差		
	公差带为直径等于公差值 t、球心位于被测要素理论正确形状上的一系列圆球的两包络面所限定的区域 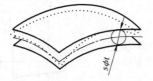	提取（实际）轮廓面应限定在直径等于0.02、球心位于被测要素理论正确几何形状上的一系列圆球的两等距包络面之间 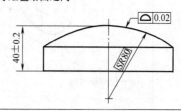
八、相对于基准的面轮廓度公差		
	公差带为直径等于公差值 t、球心位于由基准平面 A 确定的被测要素理论正确几何形状上的一系列圆球的两包络面所限定的区域 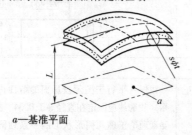 a—基准平面	提取（实际）轮廓面应限定在直径等于0.1、球心位于由基准平面 A 确定的被测要素理论正确几何形状上的一系列圆球的两等距包络面之间 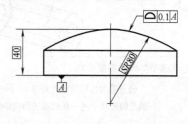

　　由表 3-4 中直线度、平面度、圆度和圆柱度的公差带定义，可以总结出形状公差带的主要特点是：它只用来限制被测要素的形状，因此，它可以根据被测要素的实际方向和位置进行平移或转动（即它本身没有方向和位置要求），只要能将被测要素包含其中，则被测要素即为合格。

　　轮廓度公差和前述四个形状公差项目相比，具有下列不同的特点：

1）公差带形状由理论正确尺寸确定。现以表3-4中线轮廓度为例：公差带为两条包络线间的、包络一系列直径为公差值 t 的圆，其圆心所在的理想曲线形状是由理论正确尺寸 $\boxed{R\,25}$、$\boxed{R\,10}$ 和 $\boxed{22}$ 确定的。理论正确尺寸是被测要素的理想形状、方向、位置的尺寸，它所表达的是一理想要求，用数字加方框的形式表示。

由于轮廓度公差的公差带形状由理论正确尺寸确定，致使封闭曲线（面）的轮廓度公差具有尺寸特性。

图3-27给出了圆截面的轮廓度公差标注形式及其公差带图。如果某完工零件的实际尺寸为20.05mm，且圆度误差为零，而它的线轮廓度误差却达到了所允许的最大值0.05mm，只要零件的完工尺寸偏离了 $\phi20$，即使实际轮廓都是理想圆，但仍有线轮廓度误差存在。

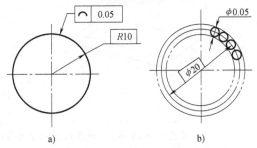

图3-27　轮廓度的尺寸特性

a）线轮廓度公差的标注　b）线轮廓度公差带

2）当被测轮廓相对于基准有位置要求时，其公差带相对于基准应保持指定的位置关系。在表3-4线轮廓度的标注示例图 a 中，被测轮廓线相对于基准没有位置要求，故其公差带具有一般形状公差带的特点，即只用来限制被测要素的形状，本身没有方向和位置要求；示例图 b 为被测轮廓线相对于基准有位置要求的情况，这时公差带的理想轮廓线的位置已被基准所限制，可相对于基准在（22±0.1）mm 范围内上、下平行移动。虽然示例图 a 为被测轮廓线相对于基准没有位置要求的情况，但公差带相对于基准的位置由理论正确尺寸 $\boxed{22}$ 惟一确定，不能移动。这样给定的线轮廓度可同时限制被测要素的形状和方位。

三、方向公差带及其特点

方向公差包括平行度、垂直度和倾斜度等项目。表3-5列出了方向公差带的定义、标注和解释。

由表3-5中所列平行度、垂直度和倾斜度公差带的定义，可以总结出方向公差带的主要特点是：相对于基准有确定的方向，而其位置是可浮动的。

由方向公差带的特点可看出，方向公差带可同时限制被测要素的形状和方向。因此，通常对同一被测要素给出方向公差后，对该要素则不再给出形状公差。如果需要对它的形状精度提出进一步要求，可以在给出方向公差的同时再给出形状公差，但形状公差的公差值必须小于方向公差的公差值。如图 3-28 所示的零件，根据功能要求，对 ϕd 轴已给出 $\phi0.05$mm 的垂直度要求，但对该轴的直线度有进一步要求，故又给出了 $\phi0.02$mm 的直线度要求。

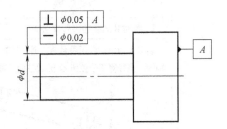

图3-28　方向公差和形状公差同时标注

表 3-5　方向公差带的定义、标注和解释（摘自 GB/T 1182—2008）　（单位：mm）

符　号	公差带的定义	标注和解释
一、平行度公差		

1. 线对基准体系的平行度公差

<table>
<tr>
<td rowspan="4">//</td>
<td>公差带为间距等于公差值 t、平行于两基准的两平行平面所限定的区域

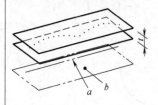
　　　　　　　　a—基准轴线
　　　　　　　　b—基准平面</td>
<td>提取（实际）中心线应限定在间距等于 0.1、平行于基准轴线 A 和基准平面 B 的两平行平面之间

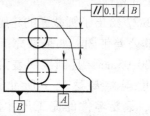</td>
</tr>
<tr>
<td>公差带为间距等于公差值 t、平行于基准轴线 a 且垂直于基准平面 b 的两平行平面所限定的区域

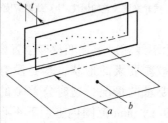
　　　　　　　　a—基准轴线
　　　　　　　　b—基准平面</td>
<td>提取（实际）中心线应限定在间距等于 0.1 的两平行平面之间。该两平行平面平行于基准轴线 A 且垂直于基准平面 B

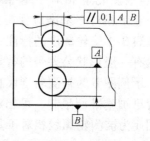</td>
</tr>
<tr>
<td>公差带为平行于基准轴线和平行或垂直于基准平面、间距分别等于公差值 t_1 和 t_2，且相互垂直的两组平行平面所限定的区域

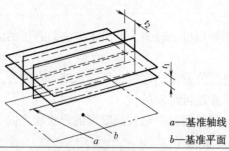
　　　　　　　　a—基准轴线
　　　　　　　　b—基准平面</td>
<td>提取（实际）中心线应限定在平行于基准轴线 A 和平行或垂直于基准平面 B、间距分别等于公差值 0.1 和 0.2，且相互垂直的两组平行平面之间

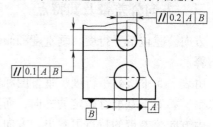</td>
</tr>
<tr>
<td colspan="2">**2. 线对基准线的平行度公差**</td>
</tr>
</table>

	若公差值前加注了符号 ϕ，则公差带为平行于基准轴线、直径等于公差值 ϕt 的圆柱面所限定的区域 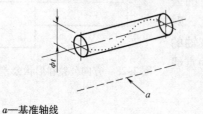 　a—基准轴线	提取（实际）中心线应限定在平行于基准轴线 A、直径等于 $\phi 0.03$ 的圆柱面内 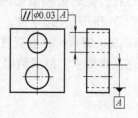

（续）

符　号	公差带的定义	标注和解释
//	**3. 线对基准面的平行度公差** 公差带为平行于基准平面、间距等于公差值 t 的两平行平面所限定的区域 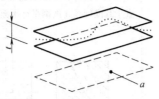 a—基准平面	提取（实际）中心线应限定在平行于基准平面 B、间距等于 0.01 的两平行平面之间 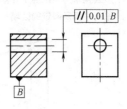
	4. 线对基准体系的平行度公差 公差带为间距等于公差值 t 的两平行直线所限定的区域。该两平行直线平行于基准平面 a，且处于平行于基准平面 b 的平面内 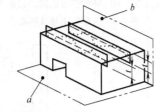 a—基准平面 b—基准平面	提取（实际）线应限定在间距等于 0.02 的两平行直线之间。该两平行直线平行于基准平面 A，且处于平行于基准平面 B 的平面内 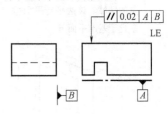
	5. 面对基准线的平行度公差 公差带为间距等于公差值 t、平行于基准轴线的两平行平面所限定的区域 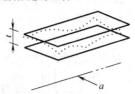 a—基准轴线	提取（实际）表面应限定在间距等于 0.1、平行于基准轴线 C 的两平行平面之间 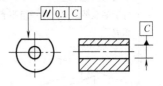
	6. 面对基准面的平行度公差 公差带为间距等于公差值 t、平行于基准平面的两平行平面所限定的区域 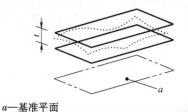 a—基准平面	提取（实际）表面应限定在间距等于 0.01、平行于基准 D 的两平行平面之间 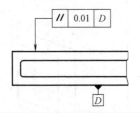

（续）

符　号	公差带的定义	标注和解释

二、垂直度公差

1. 线对基准线的垂直度公差

公差带为间距等于公差值 t、垂直于基准线的两平行平面所限定的区域

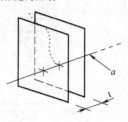

a—基准线

提取（实际）中心线应限定在间距等于 0.06、垂直于基准轴线 A 的两平行平面之间

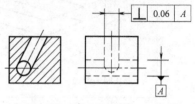

2. 线对基准体系的垂直度公差

⊥

公差带为间距等于公差值 t 的两平行平面所限定的区域。该两平行平面垂直于基准平面 A，且平行于基准平面 B

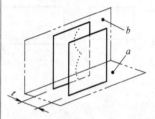

a—基准平面 A
b—基准平面 B

圆柱面的提取（实际）中心线应限定在间距等于 0.1 的两平行平面之间。该两平行平面垂直于基准平面 A，且平行于基准平面 B

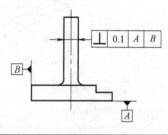

公差带为间距分别等于公差值 t_1 和 t_2、且互相垂直的两组平行平面所限定的区域。该两组平行平面都垂直于基准平面 A。其中一组平行平面垂直于基准平面 B，另一组平行平面平行于基准平面 B

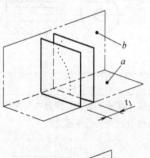

a—基准平面 A
b—基准平面 B

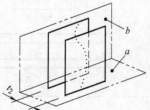

a—基准平面 A
b—基准平面 B

圆柱面的提取（实际）中心线应限定在间距分别等于 0.1 和 0.2、且相互垂直的两组平行平面内。该两组平行平面垂直于基准平面 A，且垂直或平行于基准平面 B

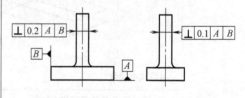

（续）

符　号	公差带的定义	标注和解释
⊥	**3. 线对基准面的垂直度公差** 若公差值前加注符号 ϕ，公差带为直径等于公差值 ϕt、轴线垂直于基准平面的圆柱面所限制的区域 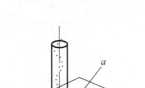 a—基准平面	圆柱面的提取（实际）中心线应限定在直径等于 $\phi 0.01$、垂直于基准面 A 的圆柱面内 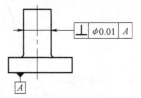
	4. 面对基准线的垂直度公差 公差带为间距等于公差值 t 且垂直于基准轴线的两平行平面所限定的区域 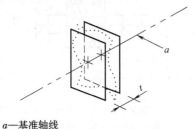 a—基准轴线	提取（实际）表面应限定在间距等于 0.08 的两平行平面之间。该两平行平面垂直于基准轴线 A 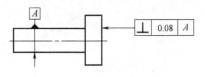
	5. 面对基准平面的垂直度公差 公差带为间距等于公差值 t 且垂直于基准平面的两平行平面所限定的区域 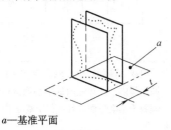 a—基准平面	提取（实际）表面应限定在间距等于 0.08 且垂直于基准平面 A 的两平行平面之间 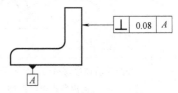

三、倾斜度公差

| ∠ | **1. 线对基准线的倾斜度公差**

被测线与基准线在同一平面上：公差带为间距等于公差值 t 的两平行平面所限定的区域。该两平行平面按给定角度倾斜于基准轴线 | 提取（实际）中心线应限定在间距等于 0.08 的两平行平面之间。该两平行平面按理论正确角度 60° 倾斜于公共基准轴线 A-B |

（续）

符　号	公差带的定义	标注和解释
∠	*a—基准轴线* 被测线与基准线在不同平面内：公差带为间距等于公差值 t 的两平行平面所限定的区域。该两平行平面按给定倾斜于基准轴线 *a—基准轴线* 2. 线对基准面的倾斜度公差 公差带为间距等于公差值 t 的两平行平面所限定的区域。该两平行平面按给定角度倾斜于基准平面 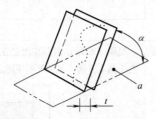 *a—基准平面* 公差值前加注符号 ϕ，公差带为直径等于公差值 ϕt 的圆柱面内所限定的区域，该圆柱面公差带的轴线按给定的角度倾斜于基准面 a 且平行于基准平面 b 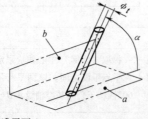 *a—基准平面 A* *b—基准平面 B*	提取（实际）中心线应限定在间距等于 0.08 的两平行平面之间。该两平行平面按理论正确角度 60° 倾斜于公共基准轴线 *A-B* 提取（实际）中心线应限定在间距等于 0.08 的两平行平面之间。该两平行平面按理论正确角度 60° 倾斜于基准平面 *A* 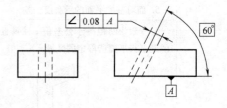 提取（实际）中心线应限定在直径等于 $\phi0.1$ 的圆柱面内。该圆柱面的中心线按理论正确角度 60° 倾斜于基准平面 *A* 且平行于基准平面 *B* 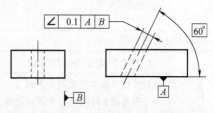

（续）

符　号	公差带的定义	标注和解释
	3. 面对基准线的倾斜度公差	
	公差带为间距等于公差值 t 的两平行平面所限定的区域。该两平行平面按给定角度倾斜于基准直线 a—基准直线	提取（实际）表面应限定在直径等于0.1的两平行平面之间。该两平行平面按理论正确角度75°倾斜于基准轴线 A
	4. 面对基准面的倾斜度公差	
	公差带为间距等于公差值 t 的两平行平面所限定的区域。该两平行平面按给定角度倾斜于基准平面 a—基准平面	提取（实际）表面应限定在直径等于0.08的两平行平面之间。该两平行平面按理论正确角度40°倾斜于基准平面 A

四、位置公差带

位置公差带包括位置度、同轴（同心）度和对称度等项目，表3-6列出了位置公差带的定义、标注和解释。

表3-6　位置公差带的定义、标注和解释（摘自 GB/T 1182—2008）　（单位：mm）

符　号	公差带的定义	标注和解释
	一、位置度公差	
	1. 点的位置度公差	
	公差值前加注 $S\phi$，公差带为直径等于公差值 $S\phi t$ 的圆球面所限定的区域。该圆球面中心的理论正确位置由基准 a、b、c 和理论正确尺寸确定	提取（实际）球心限定在直径等于 $S\phi0.3$ 的圆球面内，该圆球面的中心由基准平面 A、基准平面 B、基准中心平面 C 和理论正确尺寸30、25确定

（续）

符　号	公差带的定义	标注和解释

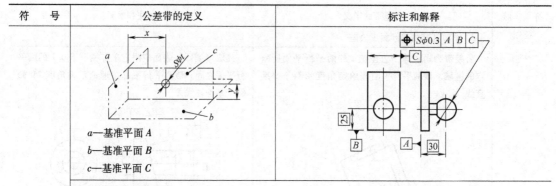

a—基准平面 A

b—基准平面 B

c—基准平面 C

2. 线的位置度公差

给定一个方向的公差时，公差带为间距等于公差值 t、对称于线的理论正确位置的两平行平面所限定的区域。线的理论正确位置由基准平面 A、B 及理论正确尺寸确定。公差只在一个方向上给定

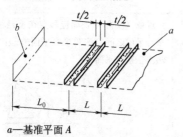

a—基准平面 A

b—基准平面 B

各条刻线的提取（实际）中心线应限定在间距等于 0.1，对称于基准平面 A、B 和理论正确尺寸 25、10 确定的理论正确位置的两平行平面之间

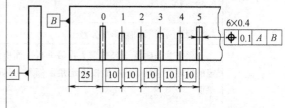

给定两个方向的公差值时，公差带为间距分别等于公差值 t_1 和 t_2、对称于线的理论正确（理想）位置的两对相互垂直的平行平面所限定的区域。线的理论正确位置由基准平面 C、A 和 B 及理论正确尺寸确定。该公差在基准体系的两个方向上给定

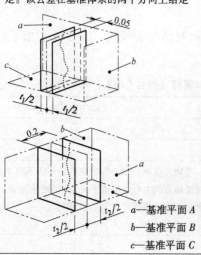

a—基准平面 A

b—基准平面 B

c—基准平面 C

各孔的测得（实际）中心线在给定方向上应各自限定在间距分别等于 0.05 和 0.2、且相互垂直的两对平行平面内。每对平行平面对称于由基准平面 C、A、B 和理论正确尺寸 20、15、30 确定的各孔轴线的理论正确位置

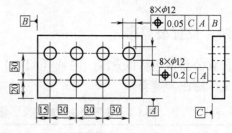

（续）

符　号	公差带的定义	标注和解释
	公差值前加注 ϕ，公差带为直径等于公差值 ϕt 的圆柱面所限定的区域。该圆柱面轴线的位置由基准 C、A、B 和理论正确尺寸确定 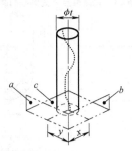 a—基准平面 A b—基准平面 B c—基准平面 C	提取（实际）中心线应限定在直径等于 $\phi0.08$ 的圆柱面内，该圆柱面的轴线位置处于由基准平面 C、A、B 和理论正确尺寸 100、68 确定的理论正确位置上 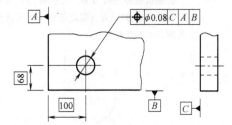 提取（实际）中心线应各自限定在直径等于 $\phi0.1$ 的圆柱面内，该圆柱面的轴线位置处于由基准平面 C、A、B 和理论正确尺寸 20、15、30 确定的各孔轴线理论正确位置上 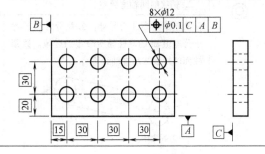

3. 轮廓平面或中心平面的位置度公差

公差带为间距等于公差值 t 且对称于被测面理论正确位置的两平行平面所限定的区域。面的理论正确位置由基准平面、基准轴线和理论正确尺寸确定 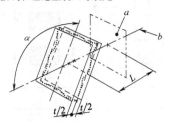 a—基准平面 b—基准轴线	提取（实际）表面应限定在间距等于 0.05、且对称于被测面的理论正确位置的两平行平面之间。该两平行平面对称于由基准平面 A、基准轴线 B 和理论正确尺寸 15、105° 确定的被测面的理论正确位置 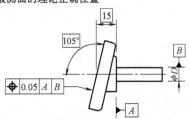 提取（实际）中心面应限定在间距等于 0.05 的两平行平面之间。该两平行平面对称于由基准轴线 A 和理论正确角度 45° 确定的各被测面的理论正确位置 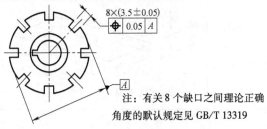 注：有关 8 个缺口之间理论正确角度的默认规定见 GB/T 13319

（续）

符　号	公差带的定义	标注和解释
 （◎符号）	**二、同轴度和同心度公差**	
	1. 点的同心度公差	
	公差值前标注符号 ϕ，公差带为直径等于公差值 ϕt 的圆周所限定的区域。该圆周的圆心与基准点重合 a—基准点	在任意横截面内，内圆的提取（实际）中心应限定在直径等于 $\phi 0.1$、以基准点 A 为圆心的圆周内 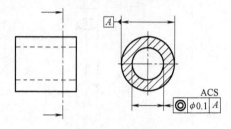 ACS
	2. 轴线的同轴度公差	
	公差值前标注符号 ϕ，公差带为直径等于公差值 ϕt 的圆柱面所限定的区域。该圆柱面的轴线与基准轴线重合 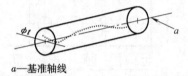 a—基准轴线	大圆柱面的提取（实际）中心线应限定在直径等于 $\phi 0.08$、以公共基准线 A-B 为轴线的圆柱面内 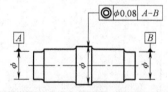 大圆柱面的提取（实际）中心线应限定在直径等于 $\phi 0.1$、以基准轴线 A 为轴线的圆柱面内 大圆柱面的提取（实际）中心线应限定在直径等于 $\phi 0.1$、以垂直于基准平面 A 的基准轴线 B 为轴线的圆柱面内 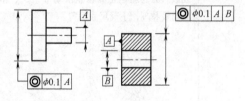
	三、对称度公差	
＝	**中心平面的对称度公差**	
	公差带为间距等于公差值 t、对称于基准中心平面的两平行平面所限定的区域 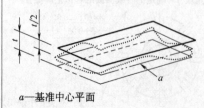 a—基准中心平面	提取（实际）中心面应限定在间距等于 0.08、对称于基准中心平面 A 的两平行平面之间 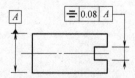

（续）

符　号	公差带的定义	标注和解释
≡		提取（实际）中心面应限定在间距等于 0.08、对称于公共基准中心平面 *A-B* 的两平行平面之间

由表 3-6 中所列位置公差带的定义，可以总结出位置公差的主要特点是：位置公差带相对于基准有确定的位置，其位置由相对于基准的定位尺寸决定，定位尺寸可为理论正确尺寸，也可为带有公差的尺寸，有时定位尺寸为零。同轴度的圆柱形公差带的轴线与基轴线重合，其定位尺寸为零。对称度公差带的中心平面（或中心直线）通过基准，故它们的公差带相对于基准的定位尺寸也为零。

由位置公差带的特点可以看出，位置公差带可同时限制被测要素的形状、方向和位置。因此，通常对同一被测要素给出位置公差后，不再对该要素给出方向公差和形状公差，如果根据功能要求需要对它的形状或（和）方向提出进一步要求，可以在给出位置公差的同时，再给出形状公差或（和）方向公差，使形状公差 < 方向公差 < 位置公差。

五、跳动公差带

与方向、位置公差项目不同，跳动公差是针对特定的检测方式而定义的公差项目。它是指被测要素绕基准轴线回转过程中所允许的最大跳动量，也就是指示器在给定方向上指示读数的最大与最小值之差的允许值。

跳动公差包括圆跳动和全跳动。圆跳动控制被测范围内每一截面上被测要素的变动。按其测量方向的不同，它又分为径向圆跳动、斜向圆跳动和端面圆跳动。全跳动是控制整个被测要素在连续测量时相对于基准轴线的跳动量。按其测量方向不同，又可分为径向全跳动和端面全跳动。

表 3-7 列出了跳动公差的公差带定义、标注和解释。由表 3-7 中所列公差带的定义可见，跳动公差带具有固定和浮动的双重特点。一方面它的同心圆环的圆心，或圆柱面的轴线，或圆锥面的轴线始终与基准轴线同轴；另一方面公差带的半径又随实际要素的变动而变动。因此，它具有综合控制被测要素的位置、方向和形状的作用。例如，径向全跳动公差能控制被测表面轴线的同轴度误差和圆度误差，端面全跳动同时可控制端面对基准轴线的垂直度误差和其平面度误差。

表 3-7　跳动公差带的定义、标注和解释（摘自 GB/T 1182—2008）　（单位：mm）

符　号	公差带的定义	标注和解释
一、圆跳动公差		
↗	**1. 径向圆跳动公差** 公差带为在任一垂直于基准轴线的横截面内、半径差等于公差值 t、圆心在基准轴线上的两个同心圆所限定的区域	在任一垂直于基准 *A* 的横截面内，提取（实际）圆应限定在半径差等于 0.1、圆心在基准轴线 *A* 上的两同心圆之间

（续）

符　号	公差带的定义	标注和解释
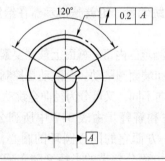	*a*—基准轴线 *b*—横截面 圆跳动通常适用于整个要素，但也可规定只适用于局部要素的某一指定部分 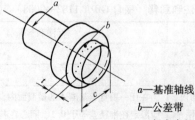	在任一平行于基准平面 *B*、垂直于基准轴线 *A* 的截面上，提取（实际）圆应限定在半径差等于 0.1、圆心在基准轴线 *A* 上的两同心圆之间 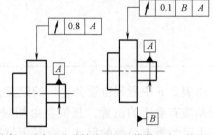 在任一垂直于公共轴线 *A-B* 的横截面内，提取（实际）圆应限定在半径差等于 0.1、圆心在基准轴线 *A-B* 上的两同心圆之间 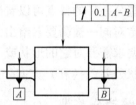 在任一垂直于基准轴线 *A* 的横截面内，提取（实际）圆弧应限定在半径差等于 0.2、圆心在基准轴线 *A* 上的两同心圆弧之间 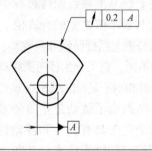
	2. 轴向圆跳动公差	
	公差带为与基准轴线同轴的任一半径的圆柱截面上、间距等于公差值 *t* 的两圆所限定的圆柱面区域 *a*—基准轴线 *b*—公差带 *c*—任意直径	在与基准轴线 *D* 同轴的任一圆柱形截面上，提取（实际）圆应限定在轴向距离等于 0.1 的两个等圆之间 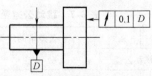

（续）

符　号	公差带的定义	标注和解释
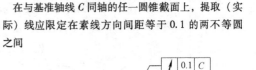	**3. 斜向圆跳动公差** 公差带为与基准轴线同轴的某一圆锥截面上、间距等于公差值 t 的两圆所限定的圆锥面区域 除非另有规定，测量方向应沿被测表面的法向 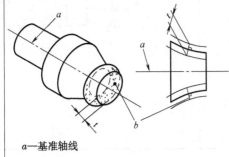 a—基准轴线 b—公差带	在与基准轴线 C 同轴的任一圆锥截面上，提取（实际）线应限定在素线方向间距等于 0.1 的两不等圆之间 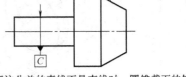 当标注公差的素线不是直线时，圆锥截面的锥角要随所测圆的实际位置而改变 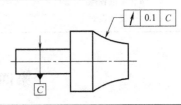
	4. 给定方向的斜向圆跳动公差 公差带为在与基准轴线同轴的、具有给定锥角的任一圆锥截面上，间距等于公差值 t 的两不等圆所限定的区域 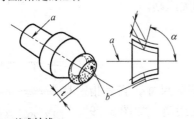 a—基准轴线 b—公差带	在与基准轴线 C 同轴且具有给定角度 60° 的任一圆锥面上，提取（实际）圆应限定在素线方向间距等于 0.1 的两不等圆之间 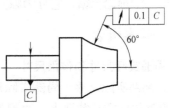

二、全跳动公差

| | **1. 径向全跳动公差**

公差带为半径差等于公差值 t、与基准轴线同轴的两圆柱面所限定的区域

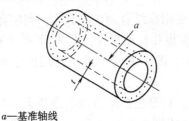

a—基准轴线 | 提取（实际）表面应限定在半径差等于 0.1、与公共基准轴线 $A\text{-}B$ 同轴的两圆柱面之间

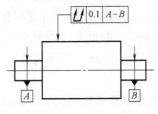 |

（续）

符　号	公差带的定义	标注和解释
	2. 轴向全跳动公差	
⌰	公差带为间距等于公差值 t 垂直于基准轴线的两平行平面所限定的区域 a—基准轴线 b—提取表面	提取（实际）表面应限定在间距等于 0.1、垂直于基准轴线 D 的两平行平面之间

第四节　公 差 原 则

零件的尺寸误差和几何误差总是同时存在的，在不同场合，它们以不同的方式对零件的装配性能和使用性能产生影响。为了准确地表达设计要求和正确判断零件是否合格，必须进一步明确尺寸公差和几何公差的内在联系与相互关系。公差原则就是处理尺寸公差与几何公差关系的一个理论依据，它分为独立原则和相关原则。

一、基本概念

1. 局部实际尺寸和作用尺寸

（1）局部实际尺寸　局部实际尺寸简称实际尺寸，它是指在实际要素的任意正截面上，两测量点之间的距离。如图 3-29 所示，A_1、A_2、A_3、A_4 等是该零件不同部位的局部实际尺寸。

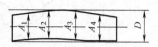

图 3-29　局部实际尺寸

（2）作用尺寸　作用尺寸是实际尺寸和几何误差综合作用的结果。对图 3-1 所示的轴进行分析，图中小轴尽管局部实际尺寸处处都为 11.982mm，未超出其公差范围，但由于它的轴线有 0.04mm 的直线度误差，导致它与 φ12mm 的理想孔不能组成间隙配合，而只能组成过盈配合。事实上，上述小轴只有与最小尺寸为 φ12.022mm 的理想孔配合才能自由装入，φ12.022mm 就是该小轴的作用尺寸。

1）单一要素的作用尺寸简称作用尺寸。它是指在结合面的全长上，与实际孔内接（或与实际轴外接）的最大（或最小）理想轴（或理想孔）的尺寸。图 3-1b 所示的小轴的作用尺寸 d_m 为 12.022mm，实际尺寸 d_a 为 11.982mm。图 3-30 表示孔的作用尺寸为 D_m，实际尺寸为 D_a。

2）关联要素的作用尺寸简称关联作用尺寸。它是指在结合面的全长上，与实际孔内接（或与实际轴外接）的最大（或最小）理想轴（或理想孔）的尺寸，而该理想轴（或理想孔）必须与基准要素保持图样上给定的几何关系。

图 3-31a 所示为轴的关联作用尺寸的图样标注。图 3-31b 所示为轴加工后的实际尺寸 d_a 及其形状和方向，与其外接并与基准 G 垂直的最小理想孔的尺寸 d_m 就是该轴的关联作用尺寸。

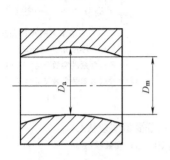

图 3-30 孔的作用尺寸

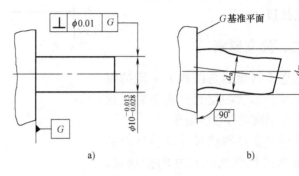

图 3-31 轴的关联作用尺寸

a）图样标注 b）关联作用尺寸

2. 最大、最小实体状态和实效状态及尺寸

1）最大实体状态和最大实体尺寸。最大实体状态（MMC）是指实际要素在尺寸公差范围内具有材料量最多的状态。在最大实体状态下的尺寸为最大实体尺寸（MMS）。对于内表面（孔、槽等），其内尺寸越小则具有的材料量越多，即 $D_{MMS} = D_{min}$；对于外表面（轴、凸台等），其轮廓尺寸越大则具有的材料量越多，最大实体尺寸等于最大极限尺寸，即 $d_{MMS} = d_{max}$。

2）最小实体状态和最小实体尺寸。最小实体状态（LMC）是指实际要素在尺寸公差范围内具有材料量最少的状态。在最小实体状态时的尺寸为最小实体尺寸（LMS）。对于内表面，$D_{LMS} = D_{max}$；对于外表面，$d_{LMS} = d_{min}$。

3）实效状态和实效尺寸。实效状态（VC）是指由被测要素的最大实体尺寸和给定的形位公差形成的综合极限边界。对于单一要素，该边界具有理想形状；对于关联要素，该理想边界应与基准保持指定的几何关系。图 3-32 所示是单一要素实效状态，图 3-33 所示是关联要素实效状态。

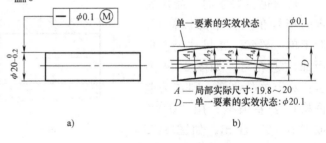

A — 局部实际尺寸：19.8～20

D — 单一要素的实效状态：$\phi20.1$

图 3-32 单一要素实效状态

a）示例标注 b）实效状态

单一要素的实效尺寸（VS）是最大实体尺寸与形状公差的综合结果。

3. 理想边界

理想边界是设计时给定的，用于控制实际要素作用尺寸的极限边界。完工要素的任何部位的实体都不能超过给定的理想边界。内表面的理想边界是一个具有理想形状的外表面，外表面的理想边界是一个具有理想形状的内表面。单一要素的理想边界没有方向和位置的约束，关联要素的理想边界应与基准保持正确的几何关系。

由公差原则所给出的理想边界包括最大实体边界和实效边界。最大实体边界的尺寸等于被测要素的最大实体尺寸，实效边界的尺寸等于被测要素的实效尺寸。

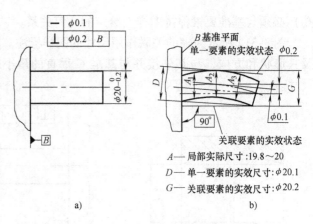

a)

b)

图 3-33　关联要素实效状态

a）示例标注　b）实效状态

二、独立原则

独立原则指的是图样上给定的每一个尺寸、形状和位置都是各自独立的，应分别满足各自的要求。

采用独立原则的尺寸公差仅控制实际要素的局部实际尺寸的变动量，不控制实际要素的形位误差；同样，图样给出的几何公差仅控制实际要素的几何误差，无论该要素的局部实际尺寸如何，其几何误差不允许超出给定的几何公差带。遵守独立原则的被测要素，其合格的零件应分别满足尺寸公差和几何公差的要求。

三、相关原则

相关原则指的是图样上给定的尺寸公差和几何公差相联系，被测要素允许的几何误差数值大小与该要素实际尺寸有关，即几何公差值随被测要素实际尺寸的变动而改变。按两者关系的不同，相关原则又分为包容要求和最大实体要求。

1. 包容要求

包容要求是要求被测要素的实体处处不得超越最大实体边界的一种公差原则。

采用包容要求时，需用特定的符号在图样中加以标记。对于单一要素，在尺寸公差后面加注 Ⓔ 符号，如图 3-34 所示；对于关联要素，则在公差框格的公差值后，用"0 Ⓜ"或"ϕ0 Ⓜ"注出，如图 3-35 所示。

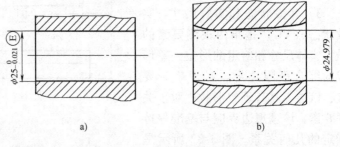

a)

b)

图 3-34　单一要素采用包容要求示例

a）图样标注　b）孔的最大实体边界

采用包容要求时，当实际尺寸为最大实体尺寸（偏离量等于零）时，几何公差为零，即此时不允许有几何误差产生；当实际尺寸偏离了最大实体尺寸时，这一偏离量便转化为几何公差；当实际尺寸为最小实体尺寸时，几何公差等于尺寸公差，即此时几何误差可达到尺寸公差的数值。

2. 最大实体要求

最大实体要求是要求被测要素的实体处处不得超越实效边界的一种公差原则。

1）最大实体要求用于被测要素时，表示图样上给出的几何公差值是在被测要素处于最大实体状态时给定的，当被测要素偏离最大实体状态时，几何公差可获得补偿，即允许几何公差值增大，但实际要素的实体不得超越实效边界。

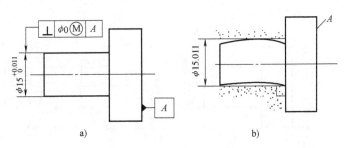

图 3-35 关联要素采用包容要求示例

a）图样标注 b）轴的最大实体边界

被测要素采用最大实体要求时，要在几何公差数值上加注符号Ⓜ。图 3-36 和图 3-37 所示分别为单一要素和关联要素采用最大实体要求的示例。

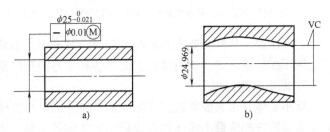

图 3-36 单一要素采用最大实体要求示例

a）图样标注 b）孔的实效边界

最大实体要求用于被测要素时，合格的零件必须满足如下要求：作用尺寸不得超越实效尺寸；被测要素的实际尺寸不得超越最大和最小极限尺寸。检验时，先用通用量具测量实际尺寸，合格后再用位置量规检验作用尺寸。位置量规测量通过，才能说明该零件合格（即作用尺寸未超越实效尺寸）。

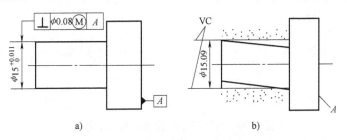

图 3-37 关联要素采用最大实体要求示例

a）图样标注 b）轴的实效边界

2）最大实体要求所要求的基准要素，是指基准要素的方向、位置公差的关系遵守最大实体要求。当基准实际要素的作用尺寸偏离了它本身的理想边界尺寸（基准要素本身可遵守包容要求或最大实体要求）时，则基准轴线（或基准中心平面）可以相对于其理想边界的轴线（或基准中心平面）浮动。当被测要素为单个要素时，这种浮动可增大被测要素对基准的方向、位置公差值，但前提条件是基准要素遵守自己的理想边界和最大、最小实体尺寸。

图 3-38a 所示为最大实体要求同时用于被测要素和基准要素，而基准要素本身又遵守包容要求的标注。基准要素遵守其最大实体边界 B_1，被测要素遵守其实效边界 B_2。图 3-38b 所示表示当基准要素处于最大实体状态时，基准要素对被测要素的同轴度公差不能产生补偿值，若被测要素处于最小实体状态，则同轴度误差允许达到 $(0.05 + 0.084)\text{mm} = 0.134\text{mm}$。若被测要素和基准要素同时处于最小实体状态，如图 3-38c 所示，则同轴度误差允许达到 $(0.05 + 0.084 + 0.039)\text{mm} = 0.173\text{mm}$。

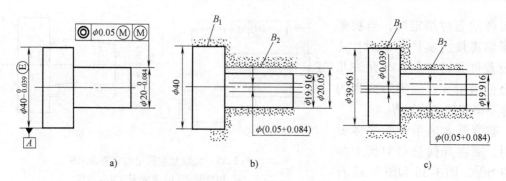

图 3-38　最大实体要求用于基准要素示例

a）图样标注　b）基准要素处于 MMC 而被测要素处于 LMC　c）基准要素和被测要素同时处于 LMC

必须注意，当被测要素为成组要素时，基准要素偏离最大实体状态，只能允许成组要素的几何图框随基准的浮动而浮动，而不能补偿各被测要素的位置公差。

3. 最小实体要求

最小实体要求是要求被测实际要素应遵守其最小实体实效边界。如给定基准，其基准实际要素应遵守相应最小实体边界或最小实体实效边界。当局部实际尺寸从最小实体尺寸向最大实体尺寸方向偏离时，允许被测要素的几何公差值增大，即超出在最小实体状态下给出的公差值。

最小实体要求适用于中心要素（轴线或中心平面），它考虑尺寸公差和相关几何公差的相互关系。当最小实体要求应用于被测要素时，应在几何公差框格中的基准字母代号后加注符号Ⓛ，如图 3-39 所示。

图 3-39　应用最小实体要求的标注方法

a）被测要素应用最小实体要求　b）被测要素和基准要素同时应用最小实体要求

1）最小实体要求应用于被测要素。被测要素采用最小实体要求应在其几何公差框格中的公差值后加注符号Ⓛ，这表示图样上单独注出的这项几何公差值是在被测要素处于最小实体状态下给出的，并与局部实际尺寸有关，其意义为：当其局部实际尺寸偏离最小实体尺寸时，就允许增大几何公差，只要被测要素的实际轮廓在给定长度上处处遵守最小实体实效边界，且局部实际尺寸遵守最小实体尺寸和最大实体尺寸。

当给出的几何公差值为零时，称为在 LMC 下的零几何公差。此时，被测要素的最小实体实效边界等于最小实体边界，最小实体实效尺寸等于最小实体尺寸。

图 3-40 所示为最小实体应用于被测要素。其中图 3-40a 为图样标注，它表示被测要素应遵守最小实体要求，其功能要求是：被测孔应遵守最小实体实效边界，边界尺寸为最小实体实效尺寸 $\text{LMVS}_h = \text{LMS}_h + tL = (8.25 + 0.4)\,\text{mm} = \phi 8.65\,\text{mm}$，局部实际尺寸应遵守最小实体尺寸 $\text{LMS}_h = \phi 8.25\,\text{mm}$ 和最大实体尺寸 $\text{MMS}_h = \phi 8\,\text{mm}$，它保证被测孔两个孔壁分别至表面 A 之间的最小壁厚 $\delta_{\min}$ 不小于 $1.675\,\text{mm}$ 和最大距离 $S_{\max}$ 不大于 $10.325\,\text{mm}$。

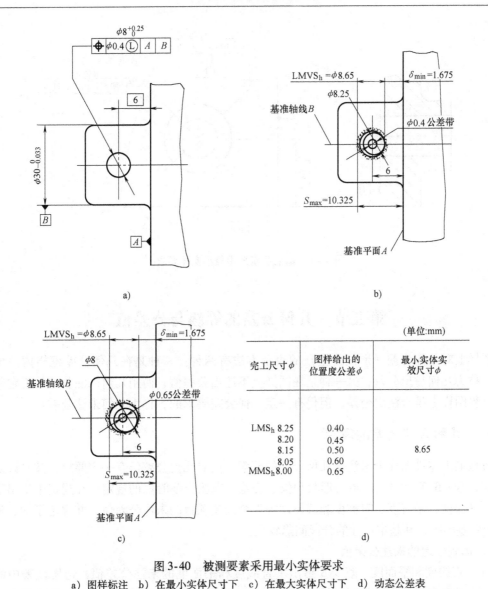

图 3-40　被测要素采用最小实体要求

a）图样标注　b）在最小实体尺寸下　c）在最大实体尺寸下　d）动态公差表

2）最小实体要求应用于基准要素。最小实体要求应用于基准要素时，应在几何公差框格中的基准字母代号之后加注符号Ⓛ，这表示图样上单独注出的这项位置公差值是在基准要素处于应遵守的相应边界尺寸下给出的。当基准要素的实际轮廓偏离其相应的边界，即其体内作用尺寸偏离相应的边界尺寸时，则允许基准轴线或中心平面相对于相应边界的轴线或中心平面浮动，其浮动量等于基准要素的体内作用尺寸对其相应的边界尺寸的偏离量。这种浮动可使被测要素相对于基准要素的位置公差值增大，但它不使被测要素相对于理想位置的位置公差值增大。应当特别指出，基准要素的浮动量与允许增大的被测要素对基准的位置度公差值不一定成一比一的关系，一般不必计算，只需要求基准要素和被测要素的实际轮廓应遵守各自的边界和局部实际尺寸遵守最小实体尺寸和最大实体尺寸即可。图 3-41 所示为基准要素采用最小实体要求。

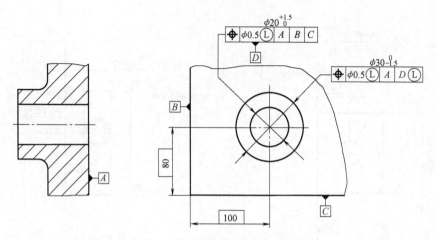

图 3-41　基准要素采用最小实体要求

第五节　几何公差的等级与公差值

图样上对几何公差（形位公差）的表示方法有两种：一种是在几何公差框格内注出公差值，称为几何注出公差；另一种是在图样上不注出公差值，而用几何未注公差的规定来控制，这种图样上虽未注出公差，但仍有一定几何公差要求的，称为几何未注公差。

一、几何未注公差的规定

机械加工零件图样上未注出几何公差的要素，但对几何公差仍有一定要求，其允许的变动量应符合 GB/T 1184—1996《形状和位置公差　未注公差值》的规定。在规定中给出了直线度、平面度、垂直度、对称度和圆跳动等五个公差项目的未注公差值，并规定了 H、K 和 L 三个公差等级，其基本尺寸的分段间隔较大。

1. 形状公差的未注公差值

（1）直线度和平面度　表 3-8 给出了直线度和平面度的未注公差值，选用该表中的公差值时，对于直线度应按其相应的线长度选择，对于平面度应按其表面较长一侧或圆表面的直径选择。

表 3-8　直线度和平面度的未注公差值　　　　　（单位：mm）

公差等级	基本长度范围					
	≤10	>10~30	>30~100	>100~300	>300~1000	>1000~3000
H	0.02	0.05	0.1	0.2	0.3	0.4
K	0.05	0.1	0.2	0.4	0.6	0.8
L	0.1	0.2	0.4	0.8	1.2	1.6

（2）圆度　圆度未标注公差值等于标准的直径公差值，但不能大于表 3-11 中的径向圆跳动值，如图 3-42 所示。

（3）圆柱度　圆柱度的未注公差值未作规定，但应注意以下几点：

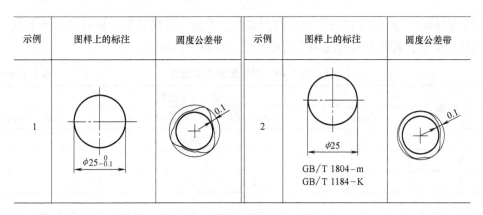

示例	图样上的标注	圆度公差带	示例	图样上的标注	圆度公差带

图 3-42　圆度未注公差示例

1）圆柱度误差由三个部分组成：圆度、直线度和相对素线的平行度误差，而其中每一项误差均由它们的注出公差或未注公差控制。

2）有功能要求时，圆柱度应小于圆度、直线度和平行度的未注公差的综合结果，应在被测要素上按 GB/T 1182—2008 的规定注出圆柱度公差值。

3）采用包容要求。

2. 方向、位置和跳动公差的未注公差值

（1）平行度　平行度的未注公差值等于给出的尺寸公差值，或是直线度和平面度未注公差中的相应公差值取较大者。取两要素中的较长者为基准，若两要素的长度相等，则可选任一要素作为基准，如图 3-43 所示。

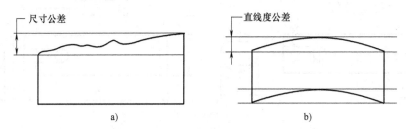

图 3-43　平行度未注公差示例

a）平行度误差≤尺寸公差值　b）平行度误差≤直线度公差

（2）垂直度　表 3-9 给出了垂直度的未注公差值。取形成直角的两边中较长的一边作为基准，较短的一边作为被测要素；若两边的长度相等则可取其中的任意一边作为基准。

表 3-9　垂直度未注公差值　（单位：mm）

公差等级	基本长度范围			
	≤100	>100～300	>300～1000	>1000～3000
H	0.2	0.3	0.4	0.5
K	0.4	0.6	0.8	1
L	0.6	1	1.5	2

（3）对称度　表3-10给出了对称度的未注公差值。取两要素中较长者作为基准，较短者作为被测要素；若两要素长度相等则可选任一要素作为基准。

表3-10　对称度未注公差值 （单位：mm）

公 差 等 级	基本长度范围			
	≤100	>100~300	>300~1000	>1000~3000
H	0.5			
K	0.6		0.8	1
L	0.6	1	1.5	2

注意：对称度的未注公差值用于两要素中至少一个是中心平面，或两要素的轴线相互垂直的情况，如图3-44所示。

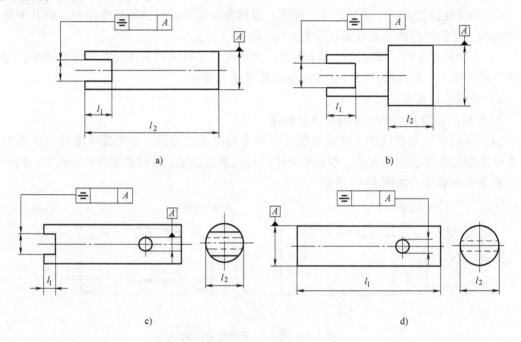

图3-44　对称度未注公差示例

a）基准为较长要素（l_2）　b）基准为较长要素（l_2）　c）基准为较长要素（l_2）　d）基准为较长要素（l_1）

（4）同轴度　同轴度的未注公差值未作规定。

在极限状态下，同轴度的未注公差值可以和表3-11中规定的径向圆跳动的未注公差值相等。选两要素中的较长者作为基准，若两要素长度相等则可选任一要素作为基准。

表3-11　圆跳动（径向、端面和斜向）的未注公差值 （单位：mm）

公 差 等 级	圆跳动公差值
H	0.1
K	0.2
L	0.5

（5）圆跳动　对于圆跳动的未注公差值，应以设计或工艺给出的支承面作为基准，否则应取两要素中较长的一个作为基准；若两要素的长度相等则可选任一要素作为基准。

上述未提到的，则为不必给定专门的未注公差规定。

二、几何注出公差等级与公差值

对于几何公差有较高要求的零件，选用了几何公差标准中的公差，均应在图样上按规定的标注方法注出公差值。

GB/T 1184—1996《形状和位置公差　未注公差值》将图样上的注出公差规定了 12 个公差等级，从 1 级至 12 级，1 级精度最高，随级数增加精度依次降低。标准给出了相关项目的公差值，见表 3-12 ~ 表 3-15。

表 3-12　直线度、平面度公差值

主参数 L /mm	公差等级											
	1	2	3	4	5	6	7	8	9	10	11	12
	公差值/μm											
≤10	0.2	0.4	0.8	1.2	2	3	5	8	12	20	30	60
>10 ~16	0.25	0.5	1	1.5	2.5	4	6	10	15	25	40	80
>16 ~25	0.3	0.6	1.2	2	3	5	8	12	20	30	50	100
>25 ~40	0.4	0.8	1.5	2.5	4	6	10	15	25	40	60	120
>40 ~63	0.5	1	2	3	5	8	12	20	30	50	80	150
>63 ~100	0.6	1.2	2.5	4	6	10	15	25	40	60	100	200
>100 ~160	0.8	1.5	3	5	8	12	20	30	50	80	120	250
>160 ~250	1	2	4	6	10	15	25	40	60	100	150	300
>250 ~400	1.2	2.5	5	8	12	20	30	50	80	120	200	400
>400 ~630	1.5	3	6	10	15	25	40	60	100	150	250	500
>630 ~1000	2	4	8	12	20	30	50	80	120	200	300	600
>1000 ~1600	2.5	5	10	15	25	40	60	100	150	250	400	800
>1600 ~2500	3	6	12	20	30	50	80	120	200	300	500	1000
>2500 ~4000	4	8	15	25	40	60	100	150	250	400	600	1200
>4000 ~6300	5	10	20	30	50	80	120	200	300	500	800	1500
>6300 ~10000	6	12	25	40	60	100	150	250	400	600	1000	2000

表 3-13　圆度、圆柱度公差值

主参数 d(D)/mm	公差等级												
	0	1	2	3	4	5	6	7	8	9	10	11	12
	公差值/μm												
≤3	0.1	0.2	0.3	0.5	0.8	1.2	2	3	4	6	10	14	25
>3 ~6	0.1	0.2	0.4	0.6	1	1.5	2.5	4	5	8	12	18	30
>6 ~10	0.12	0.25	0.4	0.6	1	1.5	2.5	4	6	9	15	22	36
>10 ~18	0.15	0.25	0.5	0.8	1.2	2	3	5	8	11	18	27	43
>18 ~30	0.2	0.3	0.6	1	1.5	2.5	4	6	9	13	21	33	52
>30 ~50	0.25	0.4	0.6	1	1.5	2.5	4	7	11	16	25	39	62
>50 ~80	0.3	0.5	0.8	1.2	2	3	5	8	13	19	30	46	74
>80 ~120	0.4	0.6	1	1.5	2.5	4	6	10	15	22	35	54	87
>120 ~180	0.6	1	1.2	2	3.5	5	8	12	18	25	40	63	100
>180 ~250	0.8	1.2	2	3	4.5	7	10	14	20	29	46	72	115
>250 ~315	1.0	1.6	2.5	4	6	8	12	16	23	32	52	81	130
>315 ~400	1.2	2	3	5	7	9	13	18	25	36	57	89	140
>400 ~500	1.5	2.5	4	6	8	10	15	20	27	40	63	97	155

表 3-14　平行度、垂直度、倾斜度公差值

主参数	公差等级											
L，$d(D)$/mm	1	2	3	4	5	6	7	8	9	10	11	12
	公差值/μm											
≤10	0.4	0.8	1.5	3	5	8	12	20	30	50	80	120
>10~16	0.5	1	2	4	6	10	15	25	40	60	100	150
>16~25	0.6	1.2	2.5	5	8	12	20	30	50	80	120	200
>25~40	0.8	1.5	3	6	10	15	25	40	60	100	150	250
>40~63	1	2	4	8	12	20	30	50	80	120	200	300
>63~100	1.2	2.5	5	10	15	25	40	60	100	150	250	400
>100~160	1.5	3	6	12	20	30	50	80	120	200	300	500
>160~250	2	4	8	15	25	40	60	100	150	250	400	600
>250~400	2.5	5	10	20	30	50	80	120	200	300	500	800
>400~630	3	6	12	25	40	60	100	150	250	400	600	1000
>630~1000	4	8	15	30	50	80	120	200	300	500	800	1200
>1000~1600	5	10	20	40	60	100	150	250	400	600	1000	1500
>1600~2500	6	12	25	50	80	120	200	300	500	800	1200	2000
>2500~4000	8	15	30	60	100	150	250	400	600	1000	1500	2500
>4000~6300	10	20	40	80	120	200	300	500	800	1200	2000	3000
>6300~10000	12	25	50	100	150	250	400	600	1000	1500	2500	4000

表 3-15　同轴度、对称度、圆跳动和全跳动公差值

主参数	公差等级											
$d(D)$，B，L /mm	1	2	3	4	5	6	7	8	9	10	11	12
	公差值/μm											
≤1	0.4	0.6	1.0	1.5	2.5	4	6	10	15	25	40	60
>1~3	0.4	0.6	1.0	1.5	2.5	4	6	10	20	40	60	120
>3~6	0.5	0.8	1.2	2	3	5	8	13	25	50	80	150
>6~10	0.6	1	1.5	2.5	4	6	10	15	30	60	100	200
>10~18	0.8	1.2	2	3	5	8	12	20	40	80	120	250
>18~30	1	1.5	2.5	4	6	10	15	25	50	100	150	300
>30~50	1.2	2	3	5	8	12	20	30	60	120	200	400
>50~120	1.5	2.5	4	6	10	15	25	40	80	150	250	500
>120~250	2	3	5	8	12	20	30	50	100	200	300	600
>250~500	2.5	4	6	10	15	25	40	60	120	250	400	800
>500~800	3	5	8	12	20	30	50	80	150	300	500	1000
>800~1250	4	6	10	15	25	40	60	100	200	400	600	1200
>1250~2000	5	8	12	20	30	50	80	100	250	500	800	1500
>2000~3150	6	10	15	25	40	60	100	150	300	600	1000	2000
>3150~5000	8	12	20	30	50	80	120	200	400	800	1200	2500
>5000~8000	10	15	25	40	60	100	150	250	500	1000	1500	3000
>8000~10000	12	20	30	50	80	120	200	300	600	1200	2000	4000

　　根据几何公差带的特征及几何误差的评定原则，在选用几何公差值时，应满足下列要求：

　　1）素线的形状公差应小于由该素线所形成面的形状公差。

　　2）同一要素的形状公差值应小于其方向公差值。

　　3）对同一基准或基准体系，同一要素的方向公差值应小于其位置公差值。

　　4）跳动公差具有综合控制的性质，因此，回转表面及其素线的几何公差值和其轴线的同轴度公差值均应小于相应的跳动公差值。同时，同一要素的圆跳动公差值应小于其全跳动公差值。

复习思考题

一、判断题（正确的打√，错误的打×）

1. 几何公差的研究对象是零件的几何要素。（　　　）

2. 当基准要素为中心要素时，基准符号应该与该要素的轮廓要素尺寸线错开。（　　　）

3. 当某要素既有位置公差要求，又有形状公差要求时，形状公差值应大于位置公差值。（　　　）

4. 形状公差包括平面度公差、圆度公差和垂直度公差。（　　　）

5. 任何实际要素都同时存在几何误差和尺寸误差。（　　　）

6. 独立原则是指零件无几何误差。（　　　）

二、选择题

1. 位置公差包括_____。

A. 同轴度　　　　B. 平行度　　　　C. 对称度　　　　D. 位置度

2. 方向公差包括_____。

A. 平行度　　　　B. 平面度　　　　C. 垂直度　　　　D. 倾斜度

3. 几何公差所描述的区域所具有的特征是_____。

A. 大小　　　　B. 方向　　　　C. 形状　　　　D. 位置

4. 倾斜度公差属于_____。

A. 形状公差　　　　B. 方向公差　　　　C. 位置公差　　　　D. 跳动公差

5. 端面全跳动公差属于_____。

A. 形状公差　　　　B. 位置公差　　　　C. 方向公差　　　　D. 跳动公差

6. 某轴标注 $\phi 20_{-0.021}^{\ 0}$ Ⓔ，则_____。

A. 被测要素尺寸遵守最大实体边界

B. 当被测要素尺寸为 $\phi 20$mm 时，允许形状误差最大可达 0.021mm

C. 被测要素尺寸遵守实效边界

D. 当被测要素尺寸为 $\phi 19.979$mm 时，允许形状误差最大可达 0.021mm

三、简答题

1. 指出图 3-45 注出的几何公差的被测要素与基准要素，并分析几何公差带四要素。

2. 将下列几何公差要求，分别标注在图 3-46a 和图 3-46b 上。

（1）图的几何公差要求

1）$\phi 32_{-0.03}^{\ 0}$mm 圆柱面对两 $\phi 20_{-0.021}^{\ 0}$mm 公共轴线的圆跳动公差为 0.015mm。

2）$\phi 20_{-0.021}^{\ 0}$mm 轴颈的圆度公差为 0.01mm。

3）$\phi 32_{-0.03}^{\ 0}$mm 左、右两端面对两 $\phi 20_{-0.021}^{\ 0}$mm 公共轴线的端面圆跳动公差为 0.02mm。

4）键槽 $10_{-0.036}^{\ 0}$mm 中心平面对 $\phi 32_{-0.03}^{\ 0}$mm 轴线的对称度公差为 0.015mm。

（2）底面的平面度公差

1）底面的平面度公差为 0.012mm。

2）$\phi 20^{+0.021}_{0}$mm 两孔的轴线对它们的公共轴线的同轴度公差为 0.015mm。

3）$\phi 20^{+0.021}_{0}$mm 两孔的公共轴线对底面的平行度公差为 0.01mm。

3．试对图 3-47 所示曲轴上的几何公差代号说明标注内容的含义。

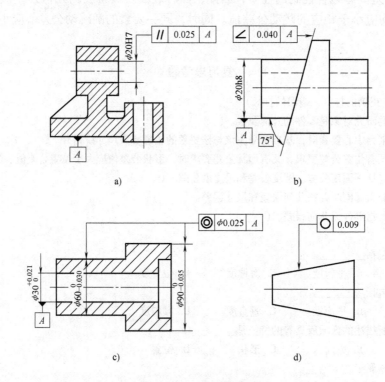

图 3-45　简答题 1 图

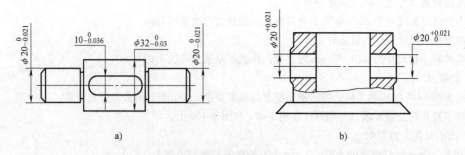

图 3-46　简答题 2 图

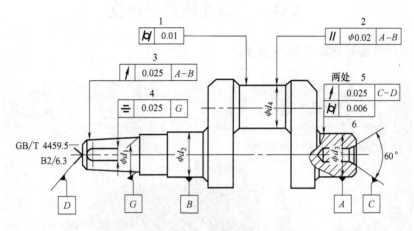

图 3-47 简答题 3 图

4. 指出图 3-48 中几何公差标注的错误并加以改正（公差项目不允许改变）。

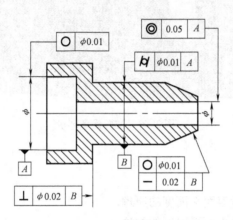

图 3-48 简答题 4 图

实验一　激光测量平面度

本实验所用设备环境如图 3-49 所示。

图 3-49　实验设备环境

一、实验目的

1）了解用激光法测量表面平面度的原理。
2）掌握用激光法测量表面平面度的方法。
3）学会实验数据的采集与处理。
4）培养团队合作精神，适应企业管理制度。

二、准备工作

1）清洁被测工件（花岗岩床台）。
2）打开电脑。
3）打开激光发射器。
4）点击进入 LDDM2.73 English PRC 软件。

三、测量工作

1）选择"平面度"，单击进入主画面。
2）点击"单位"，采用国际单位制。

3）点击"设定"，建立个人文档，生成框图。

4）自动生成机器 Machine Center。

5）填写序号 yyw。

6）填写操作者 yyw。

7）自动生成日期 07-12-06。

8）设置参数。

9）被测工件尺寸见表 3-16。

表 3-16　被测工件尺寸　　　　　　　　　　（单位：mm）

	长	宽
床台表面	1500	1000
测量表面	1000	800

10）选择"位置等分"、"双束激光"，选定"动态采集"，在"自动测量"的目标窗口中选择合适的距离（本次测量选择 4mm）；点击 OK，进入主画面。

11）点击"重置"，双击"开始"，按图框指定路径测量，测量路线如图 3-50 所示。

四、测量注意事项

1）测量中移动光学块路径应尽量与指定路径保持一致。

2）测量中光学块不能受外力干扰，否则将影响测量数据，因此移动光学块时应尽量轻柔。

3）测量过程中应保持被测量的有效长度。

4）更换被测路径时，应在主画面中点击"新路径"、"收集"后，再开始移动光学块。测量完成后，弹出"测量已完成，请保存数据"对话框，点击"是"，键入个人文件名保存。

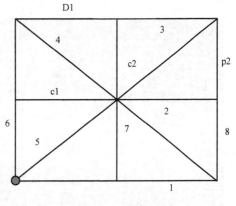

图 3-50　测量路线

五、分析数据

1）回到主画面点击"分析"，选择菜单"平面度"。

显示，最大误差：　　　mm（本次测量）

　　　　最小误差：　　　mm（本次测量）

2）点击"调整平面度"。

显示，平面度：　　　mm（本次测量）

3）点击"数值数据"，显示图表如图 3-51 所示（本图是样图，把实测的图画上）。

由上图可知：最高点在　　　路径　　　点　　　mm

　　　　　　最低点在　　　路径　　　点　　　mm

结论：

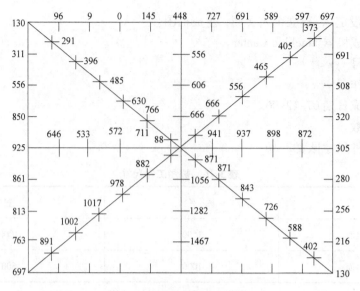

图 3-51　数值数据显示图表

4）点击"等高线绘图"。

在放大比例选项中输入适当放大倍数，观测所测平面等高线图，如图 3-52 所示。

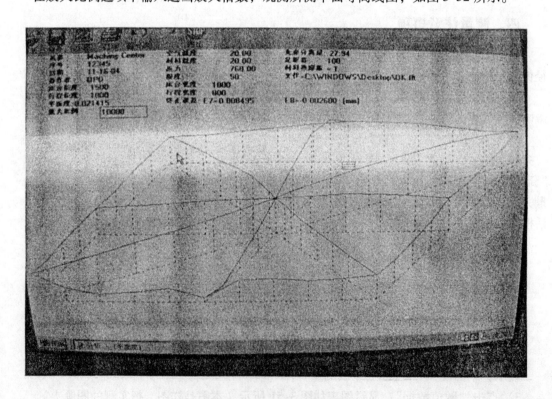

图 3-52　所测平面等高线图

5）测量结束后，关闭程序、电脑及仪器电源。

六、数据整理，完成实验报告

班级 ＿＿＿＿＿＿＿＿＿　学号 ＿＿＿＿＿＿＿＿＿　姓名 ＿＿＿＿＿＿＿＿＿　成绩 ＿＿＿＿＿＿＿＿＿

实验二　激光测量机床长导轨直线度

一、实验目的

1）了解用激光法测量导轨直线度的原理。
2）掌握用激光法测量导轨直线度的方法。
3）学会实验数据的采集与处理。
4）了解机床导轨直线度对零件加工的影响。
5）培养团队合作精神，适应企业管理制度。

二、测量对象和仪器

1）测量对象：机床导轨垂直方向直线度。
2）测量仪器（图3-53）：激光发射器、光学块、反射镜。

图3-53　实验仪器

三、测量步骤

（一）准备工作

1）清洁工件。
2）先打开电脑，再打开激光发射器。

（二）调光

1）在测量起点调光学块。

2）在测量终点调反光镜。

3）进入 LDDM 软件的主画面，单击"直线度"，进入直线激光测量界面，点击"强度"。

4）调光：测量起点调整光学块，直至"强度"栏显示收光率为100%。

测量终点调整反光镜，直至显示收光率为100%，表明光束充分接收。

5）关闭"强度"栏。

（三）参数设定

1）环境参数：选取"自动温度"（数值），见表3-17。

表　3-17

空　　气	
温度	14. 31
压力	769. 39
湿度	50

2）被测件表面温度（数值），见表3-18。

表　3-18

材　　料	
温度 1	14.16→由传感器测得
温度 2	
α	11.63→设定线胀系数 α 为 11.63

3）设定单位为毫米（mm）。

4）单击"设定"，进入"激光测量参数设定"界面，建立个人文档，见表3-19。

上述表示选择测量轴为 x 轴。

单击"OK"，回到"直线激光测量"界面。

表　3-19　　　　　　　　　　（单位：mm）

识别数据			
机器			
序号			
操作者			
日期			
直线测量			
	x	y	z
开始位置	0		
终点位置	3000		
点数	11	测量次数 1	
□只作顺向		☒位置等分 1	
☒自动温度补偿		☒连续温度补偿更新	
○手动	○自动	◉动态收集	

四、测量

1）将滑板移到起始位置，单击"重置"。

2）双击"开始"，开始测量位移。

3）开始测量后，平稳拖动滑板向导轨另一端移动，由于采用了动态数据收集，因此只要控制滑板移动就可以了。滑板移动到导轨另一端后，再将滑板归位。完成 0～3000mm 和 3000～0mm 的往返测量。测量结束后保存数据。注意：

① 保持光学元件清洁。

② 保持滑板移动的平稳性，否则会影响测量数据。

五、数据分析

1）单击"分析"。

2）单击"数据选项"，选择"位移"；单击"分析"，选择"误差"；选择"测量次数"为"1"。

3）数据记录（表3-20）。

表 3-20　数据记录

	误差/μm		位置/mm
0～3000mm	$\Delta_{上}$ =		
	$\Delta_{下}$ =		
	Δ =		
3000～0mm	$\Delta_{上}$ =		
	$\Delta_{下}$ =		
	Δ =		

4）结论（根据样图3-54分析结论）。

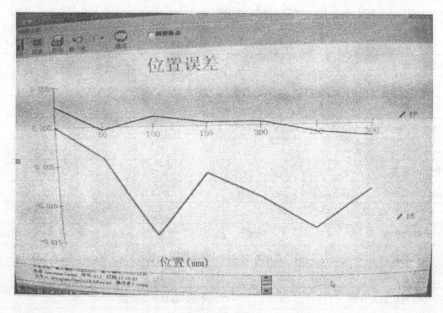

图 3-54　样图

由上述比较分析可得：3000~0mm测量精度较高，优先选用。

六、整理实验数据并分析结论

班级 _____ 学号 _____ 姓名 _____ 成绩 _____

实验三　圆度、圆柱度误差测量

一、实验目的

1）掌握圆度、圆柱度误差的测量方法。

2）加深对圆度和圆柱度误差及公差概念的理解。

二、实验内容

用两点法和三点法组合测量轴的圆度和圆柱度误差。

三、测量器具

1）百分表。百分表是应用最多的一种机械量仪，它的外形和传动原理见教材。

2）扭簧比较仪。扭簧比较仪利用扭簧作为传动放大机构，将测量杆的直线位移转变为指针的角位移。

四、实验报告（表3-21）

表 3-21　圆度、圆柱度误差测量实验报告

一、测量对象和要求

被测轴的基本尺寸＿＿＿＿＿ mm，圆度公差＿＿＿＿＿ mm，圆柱度公差＿＿＿＿＿ mm

二、测量器具

器具名称	分度值/mm	测量范围/mm	标尺范围/mm
1 千分尺			
2 百分表			
3 平　板	平板等级＿＿＿＿＿级		

三、测量结果记录和计算

	千分尺读数 M_i/mm	A—A	B—B	C—C	D—D	E—E
第一次两点法	1—1					
	2—2					
	3—3					
	4—4					
	5—5					
	6—6					
	$(M_{imax} - M_{imin})/2$					
	$(M_{max} - M_{min})/2$					

（续）

三、测量结果记录和计算

第二次 三点法 $\alpha = 90°$	百分表读数/mm					
	$(M_{imax} - M_{imin})/2$					
	$(M_{max} - M_{min})/2$					
第二次 三点法 $\alpha = 120°$	$(M_{imax} - M_{imin})/2$					
	$(M_{max} - M_{min})/2$					

圆度 = $(M_{imax} - M_{imin})/2$ 的最大值 = 　　　　 mm

圆柱度 = $(M_{max} - M_{min})/2$ 的最大值 = 　　　　 mm

四、测量部位图	五、判断合格性

班级		学生姓名		指导教师	

实验四　平行度误差测量

一、实验目的

1）掌握平行度误差的测量方法。
2）加深对平行度误差及其公差概念的理解。
3）加深理解几何误差测量中基准的体现方法。

二、实验内容

用指示表测量孔的轴线对基准平面的平行度误差。

三、测量器具

平板、百分表、表座。

四、实验报告（表3-22）

表3-22　平行度误差测量实验报告

一、测量对象和要求				
1 被测件编号_____				
2 孔对基准平面的平行度公差_____ mm				
二、测量器具				
器具名称	分度值/mm		标尺范围/mm	
1 百分表				
2 平板等级_____级				
三、测量结果记录和计算				
	M_1/mm	M_2/mm	L/mm	
平行度误差	$|M_1 - M_2|/L$			
四、测量示意图			五、判断合格性	
班级	姓名		指导教师	

第四章

表面结构与测量

第一节　概　述

一、表面结构的形成

用眼睛去观察一个加工后的零件表面，其表面是非常光滑和平整的，但实际上总存在着较小的间距和峰谷组成微量的高低不平的痕迹。表面结构是反映零件表面微观几何形状误差的一个重要指标，它主要是由于加工过程中刀具与工件间的摩擦、切屑分离时工件表面层金属的塑性变形等因素造成的。而形状误差则是介于微观与宏观之间的表面波度。

表面波度是指加工表面周期性出现的不均匀性，波峰之间或波谷之间有一个比较大的基本长度，影响产品的工作可靠性，因此要加以限制。

目前，还没有划分表面结构、表面波度和表面形状误差的国家标准，但通常都按波距的大小来划分（也有按波距与波峰高度的比值来划分的）。一般而言，波距小于1mm且大体呈周期性变化的属于表面结构范畴；波距在 $1 \sim 10$mm 之间，并呈周期性变化的属于表面波度范畴；波距在 10mm 以上且无明显周期性变化的属于表面形状误差的范畴。图 4-1 所示为加工误差放大示意图，其中图 b、图 c、图 d 是将三种类型的误差分解后得到的三条曲线。它们叠加在一起，即为零件表面的实际情况。

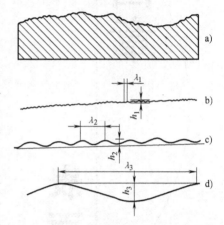

图 4-1　加工误差放大示意图
a) 表面实际轮廓　b) 表面结构
c) 表面波度　d) 表面形状误差

加工完成的零件，只有同时满足尺寸精度、形状和位置精度、表面结构的要求，才能保证零件几何参数的互换性。

二、表面结构对零件使用性能的影响

1. 对摩擦和磨损的影响

表面结构影响零件的耐磨性，零件表面越粗糙，摩擦因数就越大，两个相对运动的表面磨损就越快。

2. 对配合性质的影响

表面结构影响配合性质的稳定性。对于间隙配合，表面越粗糙越易磨损，工作过程中间隙迅速增大，过早地失去配合精度。对于过盈配合，则因装配表面的峰顶被挤平，使有效实际过盈减少，从而降低了联接的可靠性，同样不能保证正常工作。

3. 对零件强度的影响

粗糙的钢质零件表面在交变载荷作用下，对应力集中很敏感，因而影响零件的疲劳强度。

4. 对耐腐蚀性的影响

表面粗糙的零件，在其表面易积聚腐蚀性气体或液体，且积聚的气体或液体通过表面的微观凹谷渗入到金属内层，造成表面锈蚀。

5. 对结合面密封性的影响

粗糙表面结合时，两表面只在局部点上接触，中间有缝隙，影响密封性。

此外，表面结构还影响检验零件时测量的不确定性、零件外形的美观等。

第二节　表面结构的评定

我国现行的表面结构评定的国家标准是 GB/T 3505—2009《产品几何技术规范（GPS）表面结构 轮廓法 术语、定义及表面结构参数》。参数的确定和图样标注的规定分别为 GB/T 1031—2009《产品几何技术规范（GPS）表面结构 轮廓法 表面结构参数及其数值》和 GB/T 131—2006《产品几何技术表面结构 轮廓法 表面结构参数及其数值》和 GB/T 131—2006《产品几何技术规范（GPS）技术产品文件中表面结构的表示法》。以下作简单的介绍和说明。

一、基本术语与定义

（一）基本术语

1. 表面轮廓

平面与实际表面相交所得的轮廓线为表面轮廓（图4-2）。然而按相交方向的不同，它又可分为横向和纵向表面轮廓。

2. 轮廓滤波器

轮廓滤波器是指把表面轮廓分成长波成分和短波成分的滤波器。在测量表面结构、波纹度和原始轮廓的仪器中使用三种滤波器。它们都具有 GB/T 18777 规定的相同的传输特性（图4-3），但截止波长不同。

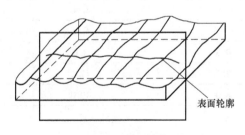

图4-2　表面轮廓

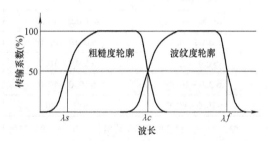

图4-3　表面结构和波纹度轮廓的传输特性

（1）λs 轮廓滤波器　确定存在于表面上的表面结构与比它更短的波的成分之间相交界限的滤波器。

（2）λc 轮廓滤波器　确定表面结构与波纹度成分之间相交界限的滤波器。

（3）λf 轮廓滤波器　确定存在于表面上的波纹度与比它更长的波的成分之间相交界限的滤波器。

3. 表面结构轮廓

表面结构轮廓是对原始轮廓采用 λc 轮廓滤波器抑制长度波成分以后形成的轮廓，是经过人为修正的轮廓。

4. 波纹度轮廓

波纹度轮廓是对原始轮廓连续应用 λf 和 λc 两个轮廓滤波器以后形成的轮廓，采用 λf 轮廓滤波器抑制长波成分，而采用 λc 轮廓滤波器抑制短波成分。波纹度轮廓是经过人为修正的轮廓。

5. 原始轮廓

原始轮廓是通过 λs 轮廓滤波器后的总轮廓，它是评定原始轮廓参数的基础。

6. 几何术语

P、R、W 参数分别为在原始轮廓、表面结构轮廓和波纹度轮廓上计算所得的参数。

1）Zp 轮廓峰高是指轮廓最高点距 X 轴的距离（图 4-4）。

2）Zv 轮廓谷深是指轮廓最低点距 X 轴的距离（图 4-4）。

3）Zt 轮廓单元高度是指一个轮廓单元的轮廓峰高与轮廓谷深之和（图 4-4）。

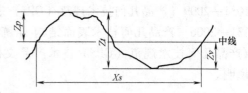

图 4-4　轮廓单元

4）Xs 轮廓单元宽度是指一个轮廓单元与 X 轴相交线的长度（图 4-4）。

（二）取样长度 lr

取样长度是指测量或评定表面结构时所规定的一段基准线长度，如图 4-5 所示。规定取样长度的目的在于限制或减弱其他几何形状误差，特别是表面波度对测量结果的影响。GB/T 1031—2009《产品几何技术规范（GPS）表面结构 轮廓法 表面结构参数及其数值》规定的取样长度和评定长度见表 4-1。

表 4-1　取样长度和评定长度（摘自 GB/T 1031—2009）

Ra /μm	Rz /μm	lr /mm	ln /mm（$ln = 5lr$）
≥0.008 ~ 0.02	≥0.025 ~ 0.10	0.08	0.4
>0.02 ~ 0.1	>0.10 ~ 0.50	0.25	1.25
>0.1 ~ 2.0	>0.50 ~ 10.0	0.8	4.0
>2.0 ~ 10.0	>10.0 ~ 50.0	2.5	12.5
>10.0 ~ 80.0	>50 ~ 320	8.0	40.0

注：Ra——轮廓的算术平均偏差，Rz——轮廓的最大高度。

（三）评定长度 ln

评定长度是指在评定轮廓表面度时所必需的一段长度，即评定表面结构参数值的一段长度，它可包括一个或几个取样长度（图 4-5）。

由于加工表面的表面结构往往并不均匀，所以要规定评定长度各处有一定差异，只取一个取样长度中的表面结构值来评定该表面的结构质量，一般还不够客观，因此要取几个连续的取样长度来评定。应取多少个取样长度与所用的加工方法有关，即与加工所得的表面结构

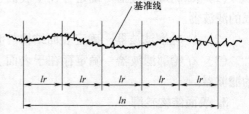

图 4-5　取样长度和评定长度

的均匀程度有关，越均匀，所取个数可越少。一般取 $ln = 5lr$，均匀性好的表面可少于 5 个，反之可多于 5 个。

二、表面结构的评定参数及应用

为了完善地评定表面轮廓，需要分别从不同方向规定适当的参数。

（一）与高度特性有关的参数——主要参数

1. 轮廓最大高度 Pz、Rz、Wz

轮廓最大高度是指在一个取样长度内，最大轮廓峰高和最大轮廓谷深之和（图 4-6）。

2. 轮廓算术平均偏差 Pa、Ra、Wa

轮廓算术平均偏差是指在一个取样长度内纵坐标值 $Z(x)$ 绝对值的算术平均值。

$$Pa、Ra、Wa = \frac{1}{l}\int_0^l Z(x)\,dx$$

依据不同的情况，式中 $l = lp$、lr 或 lw。

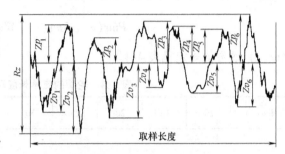

图 4-6　轮廓最大高度（以粗糙轮廓为例）

参数 Ra 较能充分反映表面微观几何形状高度方面的特性，且所用测量仪器（轮廓仪）的测量方法比较简便，所以是普遍采用的评定参数。在幅度参数（峰和谷）常用的参数值范围内（Ra 值为 $0.025 \sim 6.3\,\mu m$）推荐优先选用 Ra。轮廓的算术平均偏差 Ra 的数值规定见表 4-2。

表 4-2　轮廓的算术平均偏差 Ra 的数值（摘自 GB/T 1031—2009）　（单位：μm）

Ra			
0.012	0.2	3.2	50
0.025	0.4	6.3	100
0.05	0.8	12.5	
0.1	1.6	25	

（二）轮廓单元的平均宽度、轮廓的支承长度率——附加评定参数

1. 轮廓单元的平均宽度 Psm、Rsm、Wsm

轮廓单元的平均宽度是指在一个取样长度内轮廓单元宽度 Xs 的平均值（图 4-7）。

$$Psm、Rsm、Wsm = \frac{1}{m}\sum_{i=1}^{m} Xs_i$$

在计算参数 Psm、Rsm、Wsm 时，需要判断轮廓单元的高度和间距。若无特殊规定，缺省的高度分辨力应分别按 Pz、Rz、Wz 的 10% 选取。缺省的水平间距分辨力应按取样长度的 1% 选取。上述两个条件都应满足。其参数对评价承载能力、耐磨性和密封性都具有重要意义。Rsm 数值规定见表 4-3。

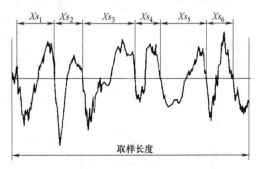

图 4-7　轮廓单元的宽度

表4-3 轮廓单元的平均宽度 Rsm 的数值 （单位：mm）

Rsm	0.006	0.1	1.6
	0.0125	0.2	3.2
	0.025	0.4	6.3
	0.05	0.8	12.5

2. 轮廓支承长度率 $Pmr(c)$、$Rmr(c)$、$Wmr(c)$

轮廓支承长度率是在给定水平截面高度 c 上轮廓的实体材料 ML（c）与评定长度的比率。

$$Pmr(c) 、Rmr(c) 、Wmr(c) = \frac{ML(c)}{ln}$$

$Rmr(c)$ 的数值规定见表4-4。

表4-4 轮廓的支承长度率 $Rmr(c)$ 的数值

$Rmr(c)$	10	15	20	25	30	40	50	60	70	80	90

第三节 表面结构的标注

GB/T 131—2006《技术产品文件中表面结构的表示法》规定了零件表面结构符号、符号及其在图样上的注法。它适用于机电产品图样及有关技术文件。

一、表面结构的图形符号

若零件表面仅需要加工，但对表面结构的规定没有要求时，可只标注表面结构符号。表4-5 为各符号的意义及说明。

表4-5 表面结构符号的意义及说明

符 号		意义及说明
基本图形符号	√	基本符号由两条不等长的、与标注表面成60°夹角的直线构成，仅用于简化符号标注（图4-15），没有补充说明时不能单独使用
要求去除材料的图形符号	√	基本符号加一短画，表示指定表面是用去除材料的方法获得的，如通过机加工获得的表面
不允许去除材料的图形符号	√	基本符号加一小圆，表示指定表面是用不去除材料的方法获得的
完整图形符号	√	允许任何工艺
	√	去除材料
	√	不去除材料

当在图样某个视图上构成封闭轮廓的各表面有相同的表面结构要求时，应在去除材料的图形符号上加一圆圈，标注在图样中工件的封闭轮廓线上（图 4-8），图 4-8 所示的表面结构符号是指对图形中封闭轮廓的六个面的共同要求（不包括前、后面）。如果标注会引起歧义时，各表面应分别标注。

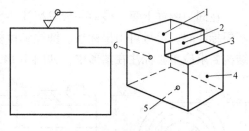

图 4-8　对周边各面有相同的
表面结构要求的标注法

二、表面结构符号

图样上标注的表面结构符号是表示该表面加工后的要求，标准规定图样上必须注出主要参数（高度参数）值和取样长度两项基本要求。对附加参数和其他附加要求，根据需要确定标注与否。

表面结构数值及其有关规定在符号中的注写位置如图 4-9 所示。

图 4-10 所示为加工方法的标注示例，图 4-11 所示为表面结构符号中的标注位置的示例。

图 4-9　表面结构高度参数符号及数值（μm）
a—注写表面结构的单一（或第一个表面结构）要求
b—注写第二个表面结构要求　c—注写加工方法
d—注写表面纹理和方向　e—加工余量（mm）

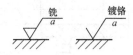

图 4-10　加工方法的标注示例

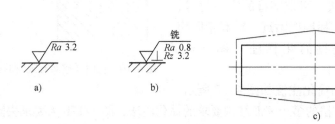

a)　　　　　　　b)　　　　　　　c)

图 4-11　表面结构符号中的标注位置
a）取样长度的标注　b）加工纹理方向符号标注　c）加工余量的标注

三、表面结构符号在图样上的标注

图样上表面结构符号一般标注在可见轮廓线、尺寸界线引出线或它们的延长线上；对于镀涂表面，可注在表示线（粗点画线）上。符号的尖端必须从材料外指向表面，数字及符号的方向必须按图 4-12 的规定标注。

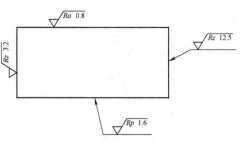

图 4-12　表面结构要求的注写方向

在同一图样上每一表面一般只标注一次符号，并尽可能靠近有关的尺寸线，位置狭小或不便标注时，符号可引出标注。圆柱和棱柱表面结构要求的注法如图 4-13 所示。不同表面结构要求应单独标注在图形中，如图 4-14 所示。

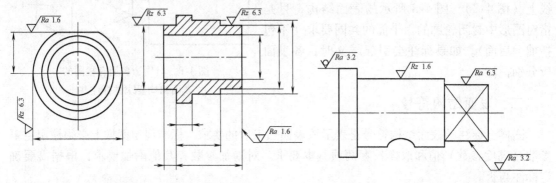

图 4-13　圆柱和棱柱表面结构要求的注法　　　　图 4-14　不同表面结构要求的注法

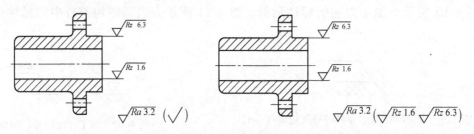

图 4-15　大多数表面有相同表面结构要求的简化注法

多个表面具有相同的表面结构要求或图样空间有限时，可采用简化注法。用带字母的完整符号，以等式的形式，在图形或标题栏附近，对有相同表面结构要求的表面进行简化标注（图 4-15、图4-16）。

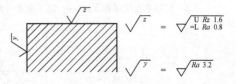

图 4-16　在图样空间有限时的简化注法

只用表面结构符号的简化注法如图 4-17 所示，图 4-17a 为未指定工艺方法的多个表面结构要求的简化注法，图 4-17b 为要求去除材料的多个表面结构要求的简化注法，图 4-17c 为不允许去除材料的多个表面结构要求的简化注法。两种或多种工艺获得的同一表面，当需要明确每种工艺方法的表面结构要求时的注法如图 4-18 所示。常用机件标注示例如图 4-19、图 4-20 所示。

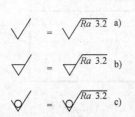

图 4-17　只用表面结构符号的简化注法

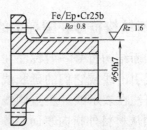

图 4-18　同时给出镀覆前后的表面结构要求的注法

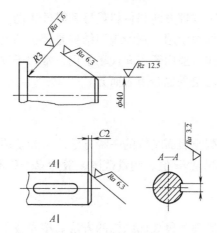

图 4-19　表面结构标注示例

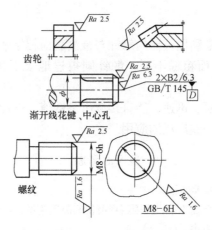

图 4-20　表面结构标注示例

第四节　表面结构的测量

表面结构与零件的使用功能和成本有着密切关系，随着生产发展的需要，测量表面结构的仪器和方法已逐渐发展和完善。

表面结构常用的测量方法有比较法、光切法、干涉法和感触法。

一、比较法

比较法是指被测表面与标有一定高度参数的表面结构样块相比较来确定表面结构参数的一种方法。

这种方法是人们利用表面结构的一些特性，主观地（通过视觉和触觉）评定其质量。例如，当用手触摸时，粗糙和光滑表面的感觉不同；用眼睛观察时，光滑表面像镜子一样地反光，而粗糙表面则不能；一种可以很容易在相似的表面上滑动，而另一种则呈现很大的摩擦力。该方法还可以借助放大镜和比较显微镜。要使比较法不产生错误的判断，表面结构样块表面特征的加工方法、加工纹理方向和材料最好和零件相同。当零件批量较大时，可以从成品中选样品经检测后作为样块使用，判断表面结构是否达到要求。

比较法测量简便，易操作，适用于车间现场使用，常用于评定中等或较粗糙的表面。该方法的评定不是定量的，评定结果也会因人而异。

二、光切法

光切法是利用光切原理测量表面结构的一种方法。按光切原理制成的仪器叫做光切显微镜，这种测量方法主要用于测量 Rz 值，测量范围一般为 $Rz = 0.8 \sim 80\mu m$。

三、干涉法

干涉法是利用光波干涉原理测量表面结构的方法。按光波干涉原理制成的光学测量仪称为干涉显微镜。该仪器主要用于测量表面结构的 Rz 参数。测量范围一般为 $Rz = 0.05 \sim 0.8\mu m$。

四、感触法

感触法又称针描法，它是利用仪器的触针与被测表面相接触，并使触针以一定速度沿着被测表面移动，由于被测表面粗糙不平，触针则被迫地上下移动。该仪器的测量范围为 $Ra = 0.01 \sim 10\mu m$。

感触法仪器使用简单方便、迅速，能直接读出参数值，并能在车间现场使用，因此，这种表面结构测量仪在生产中得到广泛的应用。

复习思考题

一、判断题（正确的打√，错误的打×）

1. 在间隙配合中，由于表面粗糙不平，会因磨损而使间隙迅速增大。（   ）
2. 表面越粗糙，取样长度应越小。（   ）
3. 选择表面结构评定参数值越小越好。（   ）
4. 要求耐腐蚀的零件，其表面结构的数值应小一些。（   ）
5. 尺寸精度和形状精度要求高的表面，表面结构的数值应小一些。（   ）

二、简答题

1. 表面结构对零件的使用性能有什么影响？
2. 表面结构的测量方法有哪几种？
3. 规定取样长度和评定长度的目的是什么？
4. 解释下列表面结构符号的意义。

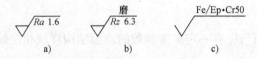

图 4-21　简答题 4 图

实验一 比较法检测表面结构

零 件	名 称		$Ra/\mu m$
比 较 样 板	名称与符号		$Ra/\mu m$

测 量 结 果			
测 量 序 号	比较样板的 Ra 值/μm	加 工 方 法	合格性判断

检 测 图	检 测 体 会

班级		姓名		成绩	

实验二　用光切显微镜检测表面结构

被测零件	名　称	$Ra/\mu m$	取样长度	评定长度
计量器具	名称与型号	测量范围	物镜放大倍数	套筒分度值/格

测量记录及数据处理

次　序	Ⅰ组读数/格		Ⅱ组读数/格		Ⅲ组读数/格		Ⅳ组读数/格		Ⅴ组读数/格	
	$h_{峰}$	$h_{谷}$	$h_{峰}$	$h_{谷}$	$h_{峰}$	$h_{谷}$	$h_{峰}$	$h_{谷}$	$h_{峰}$	$h_{谷}$
1										
2										
3										
4										
5										
Σ										
Rz										

$Rz = \dfrac{\sum h_{峰} - \sum h_{谷}}{5} \times E$（其中 E 是仪器的分度值）

评定长度内 $R'z$　　　$R'z = \dfrac{\sum Rz}{5}$

合格性判断

班级		姓名		成绩	

实验三　用表面结构检查仪检测表面结构

被测零件	名　称	$Ra/\mu m$	取样长度	评定长度
计量器具	名称与型号	测量方式	放大倍数	切除长度
测量结果				
测量序号	检测结果 $Ra/\mu m$		平　均　值	合格性判断
1				
2				
3				
4				
5				

图形记录及数据处理

班级		姓名		成绩	

第五章

圆锥公差与测量

第一节　概　　述

一、圆锥配合的特点

在机器、仪器和工具中，广泛地应用着圆锥配合。在圆锥配合中，圆锥表面的素线与轴线成一角度，因此，影响其配合的不仅有直径因素，还有角度因素，如图 5-1 所示。圆锥配合的特点是：对中性良好，装拆简便，配合的间隙或过盈可以调整，密封性和自锁性好；但结构较为复杂，加工和检验也较为困难。

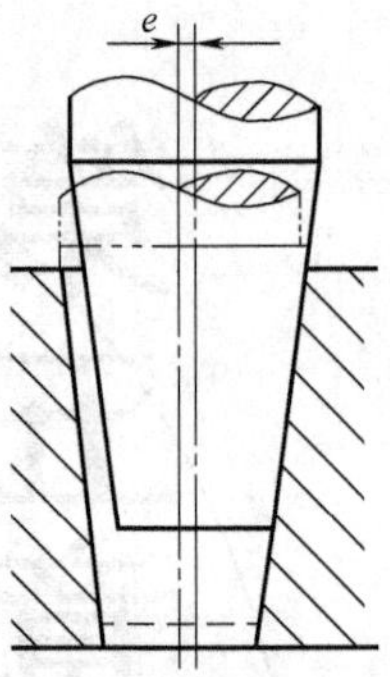

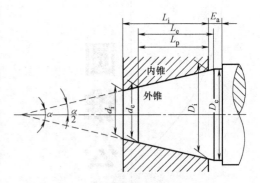

图 5-1　圆锥配合

二、圆锥配合的基本参数及其符号

（1）圆锥直径　圆锥垂直在轴线截面中的直径，其中圆锥的最大直径为 D，内、外圆锥的最大直径分别用 D_i、D_e 表示。圆锥最小直径为 d，内、外圆锥的最小直径分别用 d_i、d_e 表示（图 5-2）。

（2）圆锥长度　圆锥最大直径截面与圆锥最小直径截面之间的轴向距离称为圆锥长度。内、外圆锥长度分别为 L_i 和 L_e。

（3）圆锥结合长度 L_p　L_p 是指内、外圆锥结合部分的轴向距离。

（4）圆锥角 α　α 是指通过圆锥轴线截面的两条素线间的夹角。

（5）圆锥素线角 $\alpha/2$　圆锥素线角是指圆锥素线与轴线间的夹角，它等于圆锥角的一半。

（6）锥度 C　锥度是指两个垂直圆锥轴线的圆锥直径差与该两截面间的轴向距离之比，即

图 5-2　圆锥配合的基本参数

$$C = (D - d)/L = 2\tan\frac{\alpha}{2}$$

锥度是无量纲的量，常用比例或分数表示，如 $C = 1:20$ 或 $C = 1/20$。

（7）基面距 E_a（图 5-3）　基面距是指内圆锥基面（通常是端面）与外圆锥基面（通常是台肩端面）之间的距离。基面距可用来确定内、外圆锥的轴向相对位置。

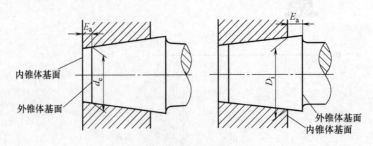

图 5-3　圆锥结合基面的位置

三、圆锥配合的种类

基本圆锥相同的内、外圆锥直径之间，由于结合不同形成了不同的相互关系。圆锥配合主要有间隙配合和过盈配合，不存在过渡配合。其配合方式有以下三种：

（1）紧密配合　这种配合具有良好的密封性，可以防止漏液、漏气。如内燃机中气阀和气阀座的配合。加工时必须成对研磨，因此，这种配合的零件没有互换性。

（2）间隙配合　这种配合有间隙，而且在装配和使用过程中，间隙可以调整。如车床主轴圆锥轴颈与圆锥轴承衬套的配合。

（3）过盈配合　这种配合有过盈，用以传递转矩，自锁性好，而且装拆方便。如钻头、铰刀、铣刀等工具的锥柄与机床主轴锥孔或衬套的配合。

四、圆锥配合的使用要求

1）相互配合的圆锥面应均匀接触。为此应控制内、外圆锥的圆锥角偏差和形状误差。

2）基面距的变化应控制在允许的范围内。当内、外圆锥长度一定时，基面距太大，会使配合长度减小；基面距太小，会使圆锥间隙配合为补偿磨损的轴向调节范围缩小。影响基面距的主要因素是：内、外圆锥的直径偏差和圆锥素线角偏差。

第二节　圆锥几何参数偏差对圆锥互换性的影响

内、外圆锥在加工时，存在直径偏差和圆锥角偏差，而这两种偏差在圆锥配合中，造成了基面距偏差和配合表面接触不良。

一、直径偏差对基面距的影响

假设以内锥大端直径 D_i 为基本直径，基面距位置在大端。为了分析方便，假定内、外圆锥角不存在偏差，仅存在直径偏差。ΔD_i、ΔD_e 表示内、外圆锥直径偏差（图5-4）。

此时，基面距偏差为

$$\Delta_1 E_a = \Delta D_e - \Delta D_i / \left(2\tan\frac{\alpha}{2}\right) = 1/C(\Delta D_e - \Delta D_i)$$

式中，$\Delta_1 E_a$、ΔD_e 和 ΔD_i 的单位为 mm。

由上式可得 ΔD_e 为正或 ΔD_i 为负，基面距增大，即 $\Delta_1 E_a$ 为正；反之，$\Delta_1 E_a$ 为负（减小）。

若基面距位置在小端，也可以推导出类似公式。

二、圆锥角偏差对基面距的影响

假设以内锥大端直径为基本直径，基面距位于大端，内、外圆锥最大直径均无偏差，仅存在内、外圆锥角偏差 $\Delta\alpha_i$、$\Delta\alpha_e$。

（1）外圆锥角 $\alpha_e >$ 内圆锥角 α_i（图5-5a）　此时，内、外圆锥将在大端接触，对基面距影响可忽略不计。但是由于接触面积很小，容易造成磨损，也可能使内、外锥相对倾斜。

（2）外圆锥角 α_e ＜内圆锥角 α_i（图 5-5b）　此时，内、外圆锥将在小端接触（此时 $C \approx \sin\alpha$），内、外圆锥角偏差都很小。基面距偏差为

$$\Delta_2 E_a = 0.6 \times 10^{-3} L_p (\alpha_i/2 - \alpha_e/2)/C$$

式中，$\Delta_2 E_a$ 和 L_p 的单位为 mm；α_i 和 α_e 的单位为（′）。

实际上，圆锥的直径偏差和圆锥角偏差同时存在。

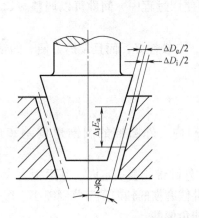
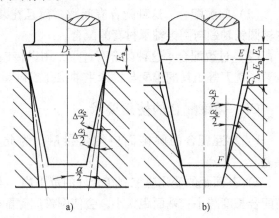

图 5-4　圆锥直径偏差对基面距离的影响　　　　　图 5-5　圆锥角偏差对基面距的影响

三、圆锥的形状误差对圆锥配合的影响

圆锥的形状误差主要是指圆锥素线的直线度和圆锥的圆度误差，它们对基面距影响很小，主要影响圆锥结合的接触精度。

综上所述，圆锥的直径偏差、素线角偏差、形状误差等都将影响其配合性能。因此，对于这些参数都应规定适当的公差，使之处于良好的配合状态。

第三节　圆锥公差

圆锥标准一般应包括以下几部分：锥度和锥角系列，圆锥公差和配合，圆锥尺寸和公差标准，圆锥的检验。目前，我国也正在以国际标准化组织（ISO）制订的有关标准为依据，修订有关标准。

一、锥度和锥角系列（GB/T 157—2001）

为了尽可能减少生产圆锥所需的定值刀具、量具的品种和规格，在设计时，应选用标准锥度或标准圆锥角。

表 5-1 列出了标准中所规定的一般用途圆锥的锥度和锥角。圆锥角 α 从 120° 到小于 1° 或锥度 C 从 1:0.289 到 1:500。它适用于一般用途的光滑圆锥，选用时应优先选用第一系列，然后选用第二系列。

表5-1　一般用途圆锥的锥度和锥角（GB/T 157—2001）

基 本 值		推 算 值			
		圆 锥 角 α			锥 度 C
系 列 1	系 列 2	(°)(′)(″)	(°)	rad	
120°		—	—	2.094 395 10	1:0.288 675 1
90°		—	—	1.570 796 33	1:0.500 000 0
	75°	—	—	1.308 996 94	1:0.651 612 7
60°		—	—	1.017 197 55	1:0.866 025 1
45°		—	—	0.785 398 16	1:1.207 106 8
30°		—	—	0.523 598 78	1:1.866 025 1
1:3		18°55′28.7199″	18.924 644 42°	0.330 297 35	—
	1:4	14°15′0.1177″	14.250 032 70°	0.248 709 99	—
1:5		11°25′16.2706″	11.421 186 27°	0.199 337 30	—
	1:6	9°31′38.2202″	9.527 283 38°	0.166 282 46	—
	1:7	8°10′16.4408″	8.171 233 56°	0.142 614 93	—
	1:8	7°9′9.6075″	7.152 668 75°	0.124 837 62	—
1:10		5°43′29.3176″	5.724 810 45°	0.099 916 79	—
	1:12	4°46′18.7970″	4.771 888 06°	0.083 285 16	—
	1:15	3°49′5.8975″	3.818 304 87°	0.066 641 99	—
1:20		2°51′51.0925″	2.864 192 37°	0.049 989 59	—
1:30		1°54′34.8570″	1.909 682 51°	0.033 330 25	—
1:50		1°8′45.1586″	1.145 877 40°	0.019 999 33	—
1:100		34′22.6309″	0.572 953 02°	0.009 999 92	—
1:200		17′11.3219″	0.286 478 30°	0.004 999 99	—
1:500		6′52.5295″	0.114 591 52°	0.002 000 00	—

注：系列1中120°~1:3的数值近似按R10/2优先数系列，1:5~1:500按R10/3优先数系列（见GB/T 321）。

表5-2列出了特殊用途圆锥的锥度与锥角。它们仅适用于某些特殊行业，如莫氏锥度主要用于工具锥体。

表5-2　特殊用途圆锥的锥度与锥角（GB/T 157—2001）

基 本 值	推 算 值			标准号 GB/T (ISO)	用 途
	圆 锥 角 α		锥 度 C		
	(°)(′)(″)	(°)	rad		
11°54′	—	—	0.207 694 18　1:4.797 451 1	(5237)(8489-5)	
8°40′	—	—	0.151 261 87　1:6.598 441 5	(8489-3)(8489-4)(324.575)	纺织机械和附件
7°	—	—	0.122 173 05　1:8.174 927 7	(8489-2)	

（续）

| 基 本 值 | 推 算 值 | | | 标准号 | 用　途 |
| | 圆锥角 α | | | 锥度 C | GB/T（ISO） | |
	（°）（′）（″）	（°）	rad			
7:24	16°35′39.4443″	16.594 290 08°	0.289 625 00	1:3.428 571 4	3837－2001（297）	机床主轴工具配合
1:19.002	3°0′52.3956″	3.014 554 34°	0.052 613 90	—	1443（296）	莫氏锥度 No.5
1:19.180	2°59′11.7258″	2.986 590 50°	0.052 125 84	—	1443（296）	莫氏锥度 No.6
1:19.212	2°58′53.8255″	2.981 618 20°	0.052 039 05	—	1443（296）	莫氏锥度 No.0
1:19.254	2°58′30.4217″	2.975 117 13°	0.051 925 59	—	1443（296）	莫氏锥度 No.4
1:19.922	2°52′31.4463″	2.875 401 76°	0.050 185 23	—	1443（296）	莫氏锥度 No.3
1:20.020	2°51′40.7960″	2.861 332 23°	0.049 939 67	—	1443（296）	莫氏锥度 No.2
1:20.047	2°51′26.9283″	2.857 480 08°	0.049 872 44	—	1443（296）	莫氏锥度 No.1

二、圆锥公差

圆锥公差包括圆锥直径公差 T_D、圆锥角公差 AT 和圆锥形状公差 T_F 三个方面。

1. 圆锥直径公差 T_D

圆锥直径公差是指圆锥实际直径允许的变动量，用 T_D 表示。圆锥直径公差带如图5-6所示。为了使圆锥结合的基面距变动不至于太大，有配合要求的圆锥直径公差等级不能太低，一般为 IT5~IT8，基本偏差随结构特点和工艺而定。对于有配合要求的圆锥配合，推荐选用基孔制。对于无配合要求的圆锥配合，推荐选用基本偏差 JS 或 js，例如 φ50JS10。

2. 圆锥角公差

圆锥角公差是指实际圆锥角所允许的变动量。其公差带如图 5-7 所示，它是由最大和最小极限圆锥角 α_{max} 和 α_{min} 所限定的区域。

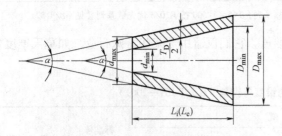

图 5-6　圆锥直径公差带

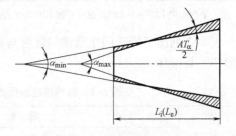

图 5-7　圆锥角公差带

圆锥角公差 AT 分为 12 个公差等级，从 AT1~AT12，AT1 为最高公差等级，AT12 为最低公差等级。各级圆锥角公差大致应用范围如下：AT1~AT6 用于高精度的圆锥量规角度样板；AT7~AT9 用于工具圆锥、圆锥销、传递大转矩的摩擦圆锥；AT10~AT11 用于圆锥齿轮、圆锥套之类的中等精度零件；AT12 用于低精度零件。

圆锥角公差 AT_α 和 AT_D 值见表 5-3，莫氏工具圆锥的锥度公差和尺寸见表 5-4。

表 5-3　圆锥角公差 AT_α 和 AT_D 值

圆锥长度	圆锥角公差等级											
	AT5			AT6			AT7			AT8		
L / mm	AT_α		AT_D	AT_α		AT_D	AT_α		AT_D	AT_α		AT_D
	μrad	(′) (″)	μm	μrad	(′) (″)	μm	μrad	(′) (″)	μm	μrad	(′) (″)	μm
>16 ~ 25	200	41″	3.2 ~ 5	315	1′05″	5 ~ 8	500	1′43″	8 ~ 12.5	800	2′45″	12.5 ~ 20
>25 ~ 40	160	33″	4 ~ 6.3	250	52″	6.3 ~ 10	400	1′22″	10 ~ 16	630	2′10″	16 ~ 25
>40 ~ 63	125	26″	5 ~ 8	200	41″	8 ~ 12.5	315	1′05″	12.5 ~ 20	500	1′43″	20 ~ 32
>63 ~ 100	100	21″	6.3 ~ 10	160	33″	10 ~ 16	250	52″	16 ~ 25	400	1′22″	25 ~ 40
>100 ~ 160	80	16″	8 ~ 12.5	125	26″	12.5 ~ 20	200	41″	20 ~ 32	315	1′05″	32 ~ 50

3. 圆锥形状公差 T_F

圆锥形状公差主要是指圆锥素线的直线度公差和圆锥的圆度公差，一般由直径公差 T_D 加以限制。如果对圆锥形状公差有更高的要求，可另外给出形状公差。

表 5-4　莫氏工具圆锥的锥度公差和尺寸（摘录 GB/T 1443—1996）

莫氏圆锥号		0	1	2	3	4	5	6
内圆锥的最大直径/mm		9.045	12.065	17.780	23.825	31.267	44.399	63.318
锥度 C		1:19.212 =0.05205	1:20.047 =0.04988	1:20.020 =0.04995	1:19.922 =0.05020	1:19.254 =0.05194	1:19.002 =0.05263	1:19.180 =0.05214
圆锥角 α	基本尺寸	2°58′54″	2°5126	2°51′41″	2°52′32″	2°58′31″	3°00′53″	2°59′12″
	极限偏差 外圆锥	+1′05″ 0		+52″ 0			+41″ 0	+33″ 0
	极限偏差 内圆锥	0 −1′05″		0 −52″			0 −41″	0 −33″

注：当锥度偏差换算为锥角偏差时，锥度偏差 0.00001 相当于锥角偏差 2″。

4. 圆锥公差的标注方法

圆锥公差可采用下列两种标注方法：

方法（1）：只给定圆锥直径公差，锥角为理论正确值 α，如图 5-8 所示。此时，圆锥直径公差带不仅限制各截面的直径，而且限制锥角偏差和圆锥形状公差。此方法适用于有配合性质要求的内外锥体，如圆锥滑动轴承。

方法（2）：同时给出圆锥直径公

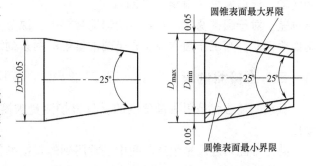

图 5-8　圆锥公差标注方法（1）举例

差和圆锥角公差, 如图 5-9 所示。此时, 圆锥直径公差仅适用于图样上标注的那个横截面, 而其他横截面的公差带宽度还应满足圆锥角公差的要求。此方法适用于对给定截面有较高精度要求的内、外圆锥体。

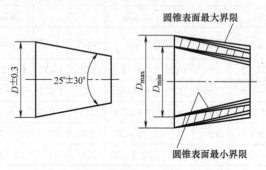

图 5-9　圆锥公差标注方法（2）举例

第四节　角度和锥度的检测

一、比较测量法

比较测量法就是将被测量角度或锥度与相应的量具比较, 用光隙法或涂色法估计被测角度或锥度的误差。常用的量具有：角度样板、圆锥量规、锥度样板、莫氏量规。

（1）角度样板的测量方法　角度样板如图 5-10 所示。测量外角度的合格标准为：从通端观察透光, 光隙从角顶到角底逐渐增大；从止端观察透光, 光隙从角顶到角底逐渐减小。

（2）圆锥量规的测量方法　圆锥量规如图 5-11 所示, 检验内圆锥用圆锥塞规, 检验外圆锥用圆锥套规。圆锥量规有莫氏和米制两种。首先检验锥度, 在量规上沿素线方向涂上二三条显示剂（红丹或蓝油）, 然后与被测工件套合, 轻轻转动, 根据着色接触情况判断锥

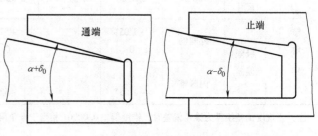

图 5-10　角度样板

角偏差。对于圆锥塞规, 若着色均匀地被擦去, 说明锥角正确。其次, 再用圆锥量规检测其基面距偏差, 当工作圆锥端面介于圆锥量规的两条刻线之间时, 即为合格。

二、直接测量法

直接测量法就是用测量角度的量具直接测量被测工件角度, 其数值可以直接从量具上读出。

游标万能角度尺是生产车间中经常用到的直接测量被测工件角度的量具。游标读数值为 2′ 和 5′ 的游标万能角度尺, 其示值误差分别不大于 ±2′ 和 ±5′。

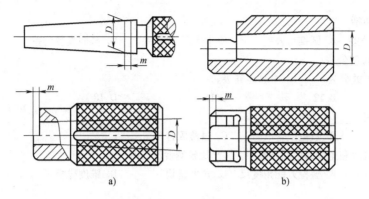

图 5-11　圆锥量规

　　常见的游标万能角度尺如图 5-12 所示，在主尺 1 上刻有 90 个分度和 30 个辅助分度。扇形板 4 上刻有游标，用卡块 7 可以把 90°角尺 5 及 6 固定在扇形板 4 上，主尺 1 能沿着扇形板 4 的圆弧面和制动头 3 的圆弧面移动，用制动头 3 可以把主尺 1 紧固在所需的位置上。这种游标万能角度尺的游标读数值为 2′，测量范围为 0°～320°。

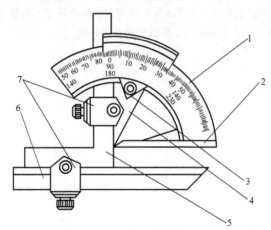

图 5-12　游标万能角度尺
1—主尺　2—基尺　3—制动头　4—扇形板
5、6—90°角尺　7—卡块

复习思考题

一、判断题（正确的打√，错误的打×）

1. 圆锥分为内圆锥和外圆锥两种。（　　　）

2. 一般情况下，圆锥公差只给定圆锥直径公差。（　　　）

3. 结合型圆锥配合只有基轴制配合。（　　　）

4. 圆锥一般以大端直径为基本尺寸。（　　　）

5. 用正弦规测量圆锥量规是属于直接测量。（　　　）

二、多项选择题

1. 圆锥的主要几何参数有＿＿＿＿＿＿＿。

A. 圆锥角　　　　　B. 圆锥直径　　　　　C. 圆锥长度　　　　　D. 锥度

2. 圆锥公差包括_____。

A. 圆锥直径公差　　B. 圆锥角公差　　　　C. 圆锥形状公差　　　D. 截面直径公差

E. 圆锥结合长度公差

3. 圆锥角公差共分为_____个公差等级。

A. 10　　　　　　　B. 12　　　　　　　C. 16　　　　　　　D. 18

4. 圆锥配合有_____。

A. 间隙配合　　　　B. 过盈配合　　　　C. 过渡配合

5. 下列用于锥度和角度的检测器具中，属于比较测量法的有_____。

A. 正弦规　　　　B. 游标万能角度尺　C. 角度量块　　　　D. 锥度样板

三、综合题

1. 圆锥的配合分为哪几类？分别用于什么场合？

2. 试述圆锥配合的基本参数。

3. 有一外圆锥，已知其最大直径 $D_e = 20$mm，最小直径 $d_e = 15$mm，圆锥长度 $L_e = 100$mm，试求其锥度、圆锥角和圆锥素线角。

4. 圆锥长度为100mm，锥度 $C = 1:5$，对于大端直径 D 分别为 $\phi30^{+IT6}_{0}$mm 与 $\phi60^{+IT6}_{0}$mm 的圆锥，由圆锥直径公差 T_D 所限定的最大圆锥角偏差是多少秒？

5. 某圆锥结合锥度为1:30，圆锥角公差等级为6级（圆锥角极限偏差对零线对称分布），圆锥配合长度为80mm，基面距公差为0.8mm，试确定内、外圆锥的直径公差。

实验一　游标万能角度尺检测角度

一、测量对象和要求

1. 被测件的编号：＿＿＿＿＿＿＿＿＿＿
2. 被测零件的尺寸（mm）：大端直径＿＿＿＿＿＿＿＿＿＿小端直径＿＿＿＿＿＿＿＿＿＿
3. 被测零件的精度：（°′″）：＿＿＿＿＿＿＿＿＿＿

二、测量器具

器 具 名 称	分度值（°）	测量范围（°）
1. 游标万能角度尺		
2. 平板（如工件较小，可用手把住）	公差等级＿＿＿＿＿＿＿＿＿＿　　组合尺寸＿＿＿＿＿＿＿＿＿＿	

三、测量记录

	第一次	第二次	第三次	平均值
测得的角度值（°′″）				
被测的角度值及公差（°′″）				

四、被测零件草图	五、判断合格性

班级		学生姓名		成绩	

实验二　用正弦规检测锥角

一、测量对象和要求

1. 被测件的编号：＿＿＿＿＿＿＿＿＿＿＿
2. 被测零件的尺寸（° ′ ″）：
尺寸标注＿＿＿＿＿＿＿＿＿＿＿＿，最大极限尺寸＿＿＿＿＿＿＿＿＿＿＿＿，最小极限尺寸＿＿＿＿＿＿＿＿＿＿＿

二、测量器具

器具名称	正弦规型号	分度值	测量范围	两圆中心距
1. 正弦规				
2. 所用量块	公差等级＿＿＿＿＿＿＿＿＿＿＿　　　　组合尺寸＿＿＿＿＿＿＿＿＿＿＿			

三、测量记录

测量位置	A	B	A、B 两点距离 l/mm
第一次读数			
第二次读数			
ΔC_1		ΔC_2	
$\Delta \alpha_1$		$\Delta \alpha_2$	

四、测量示意图

五、判断合格性

班级		学生姓名		成绩	

第六章

螺纹结合

第一节　概　述

一、螺纹的种类及使用要求

螺纹结合在机械制造工业中应用极其广泛。按螺纹的用途可将螺纹分为紧固螺纹和传动螺纹。紧固螺纹用于螺栓联接、螺钉联接和管道联接。对于它们的要求是：可旋入性联接和密封性可靠。紧固螺纹主要包括普通螺纹（粗、细牙）、英制螺纹和管螺纹。传动螺纹用于传递力、运动和位移，它要具有足够的强度且传递准确、可靠。本章主要讨论普通螺纹。

二、普通螺纹的主要几何参数

通过螺纹轴线的剖面，按规定的削平高度截去原始三角形的顶部和底部所形成的螺纹牙型，称为基本牙型。图 6-1 所示的牙型上全部尺寸都等于基本尺寸。

（1）大径 D 或 d　它是与外螺纹牙顶或内螺纹牙底相重合的假想圆柱的直径。国家标准规定，米制普通螺纹大径的基本尺寸为螺纹尺寸的公称直径。

（2）小径 D_1 或 d_1　它是与内螺纹牙顶或外螺纹牙底相重合的假想圆柱的直径。

（3）中径 D_2 或 d_2　它是假想圆柱的直径，其素线在 $H/2$ 处，在此素线上牙体与牙槽的宽度相等。

（4）螺距 P 和导程 P_h　螺距是指相邻两牙在中径素线上对应两点间的轴向距离。导程是指一条螺旋线上，相邻两牙在中径素线上对应两点间的轴向距离。因此，对于单线螺纹，导程就等于螺距；对于多线螺纹，导程等于螺距和螺纹线数的乘积。

（5）牙型角 α 和牙型半角 $\alpha/2$　牙型角是指在螺纹牙型上相邻两侧间的夹角，对于米制普通螺纹，$\alpha = 60°$。牙型半角是指在螺纹牙型上牙侧与螺纹轴线平面的夹角，对于米制普通螺纹，$\alpha/2 = 30°$。

（6）牙型高度 h　它是指螺纹牙顶与牙底间的垂直距离。$h = 5H/8$。

（7）螺纹旋合长度 L　它是两配合螺纹轴线方向相互旋合部分的长度，如图 6-2 所示。

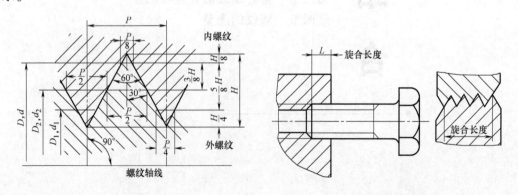

图 6-1　普通螺纹基本牙型　　　　　　　图 6-2　螺纹旋合长度

第二节　螺纹几何参数误差对互换性的影响

普通螺纹结合，要保证它具有互换性，即具有可旋合性和联接的可靠性。影响螺纹互换性的几何参数有五个：大径、小径、中径、螺距和牙型半角。下面逐一分析讨论。

1. 螺纹大径、小径误差对互换性的影响

实际制造出的内螺纹大径和外螺纹小径的牙底形状呈圆弧形，为了避免旋合时产生障碍，应使内螺纹大、小径的实际尺寸略大于外螺纹大、小径的实际尺寸。如果内螺纹小径过大，外螺纹大径过小，虽不影响螺纹的配合性质，但会减小螺纹的接触面积，因而影响它们联接的可靠性，所以要规定其公差。

2. 螺距误差对互换性的影响

螺距误差包括局部误差和累积误差。前者与旋合长度无关，后者与旋合长度有关。假设内、外螺纹的中径及牙型半角均无误差，但螺距有误差，并假设外螺纹的螺距比内螺纹的大。则在 n 个螺牙长度上，螺距累积误差为 ΔP_Σ，显然在这种情况下是无法旋合的，如图 6-3 所示。为了保证可旋合，在实际生产中，为了使有螺距误差的外螺纹可旋

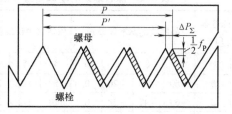

图 6-3　螺距累积误差

入标准的内螺纹，可将外螺纹的中径减小一个数值 f_P。同理，当内螺纹螺距有误差时，也可将内螺纹的中径加大一个数值 f_P。f_P 值称为螺距误差的中间当量。从 $\triangle ABC$ 中可得出：

$$f_P = \Delta P_\Sigma \cot\ (\alpha/2)。$$

对于牙型半角 $\alpha/2 = 30°$ 的米制螺纹，$f_P = 1.732\,|\Delta P_\Sigma|$

式中，f_P 和 ΔP_Σ 的单位是 μm。

3. 牙型半角误差对互换性的影响

牙型半角误差对螺纹可旋入性和联接强度均有影响，因此必须限制牙型半角误差。但在生产时，难以对牙型半角逐个检测，所以国家标准对普通螺纹牙型半角误差不作具体规定，而采用减小外螺纹中径或加大内螺纹中径来达到螺纹的配合要求。

4. 中径误差对互换性的影响

中径本身不可能制造得绝对准确。当外螺纹中径比内螺纹中径大时，就会影响螺纹旋合性；反之，则使配合过松而影响联接的可靠性。因此，需对中径偏差加以限制。中径偏差用 ΔD_2 或 Δd_2 表示。

第三节　普通螺纹的公差与配合

一、螺纹的公差等级

在国家标准 GB/T 197—2003《普通螺纹　公差与配合》中，按内、外螺纹的中径、大

径和小径公差的大小，螺纹可分为不同的公差等级，见表6-1。

内、外螺纹直径的公差见表6-2和表6-3。

对外螺纹的小径和内螺纹的大径不规定具体的公差数值，而只规定内、外螺纹牙底实际轮廓的任何点均不得超过按基本偏差所确定的最大实体牙型。

表6-1　螺纹公差等级

螺 纹 直 径	公 差 等 级
内螺纹小径 D_1	4、5、6、7、8
外螺纹大径 d	4、6、8
内螺纹中径 D_2	4、5、6、7、8
外螺纹中径 d_2	3、4、5、6、7、8、9

表6-2　普通螺纹的基本偏差和顶径公差　（单位：μm）

螺距 P/mm	内螺纹的基本偏差 EI		外螺纹的基本偏差 es				内螺纹小径公差 TD_1 及公差等级					外螺纹大径公差 T_d 及公差等级		
	G	H	e	f	g	h	4	5	6	7	8	4	6	8
1	+26	0	−60	−40	−26	0	150	190	236	300	375	112	180	280
1.25	+28	0	−63	−42	−28	0	170	212	265	335	425	132	212	335
1.5	+32	0	−67	−45	−32	0	190	236	300	375	475	150	236	375
1.75	+34	0	−71	−48	−34	0	212	265	335	425	530	170	265	425
2	+38	0	−71	−52	−38	0	236	300	375	475	600	180	280	450
2.5	+42	0	−80	−58	−42	0	230	355	450	560	710	212	335	530
3	+48	0	−85	−63	−48	0	315	400	500	630	800	236	375	600
3.5	+53	0	−90	−70	−53	0	355	450	560	710	900	265	425	670
4	+60	0	−95	−75	−60	0	375	475	600	750	950	300	475	750

表6-3　普通螺纹中径公差　（单位：μm）

公称直径/mm		螺距 P/mm	内螺纹中径公差 TD_2					外螺纹中径公差 Td_2						
>	≤		公 差 等 级					公 差 等 级						
			4	5	6	7	8	3	4	5	6	7	8	9
5.6	11.2	0.5	71	90	112	140	—	42	53	67	85	106	—	—
		0.75	85	106	132	170	—	50	63	80	100	125	—	—
		1	95	118	150	190	236	56	71	90	112	140	180	224
		1.25	100	125	160	200	250	60	75	95	118	150	190	236
		1.5	112	140	180	224	280	67	85	106	132	170	212	265
11.2	22.4	0.5	75	95	118	150	—	45	56	71	90	112	—	—
		0.75	90	112	140	180	—	53	67	85	106	132	—	—
		1	100	125	160	200	250	60	75	95	118	150	190	236
		1.25	112	140	180	224	280	67	85	106	132	170	212	265
		1.5	118	150	190	236	300	71	90	112	140	180	224	280
		1.75	125	160	200	250	315	75	95	118	150	190	236	300
		2	132	170	212	265	335	80	100	125	160	200	250	315
		2.5	140	180	224	280	355	85	106	132	170	212	265	335

（续）

公称直径/mm		螺距	内螺纹中径公差 TD_2					外螺纹中径公差 Td_2						
>	≤	P/mm	公 差 等 级					公 差 等 级						
			4	5	6	7	8	3	4	5	6	7	8	9
22.4	45	0.75	95	118	150	190	—	56	71	90	112	140	—	—
		1	106	132	170	212	—	63	80	100	125	160	200	250
		1.5	125	160	200	250	315	75	95	118	150	190	236	300
		2	140	180	224	280	355	85	106	132	170	212	265	335
		3	170	212	235	335	425	100	125	160	200	250	315	400
		3.5	180	224	280	355	450	106	132	170	212	265	335	425
		4	190	236	300	375	415	112	140	180	224	280	355	450
		4.5	200	250	315	400	500	118	150	190	236	300	375	475

二、螺纹的基本偏差

对于外螺纹，基本偏差是上偏差（es）；对于内螺纹，基本偏差是下偏差（EI）。

外螺纹下偏差为 $\qquad\qquad\qquad$ ei = es − T

内螺纹上偏差为 $\qquad\qquad\qquad$ ES = EI + T

式中   T——螺纹公差。

在国家标准中，对普通螺纹的外螺纹规定了 e、f、g、h 四种公差带，对内螺纹规定了 G、H 两种公差带。H、h 的基本偏差为零，G 的偏差为正值，e、f、g 的偏差为负值。

三、螺纹的公差带及其选用

按不同的公差带位置（G、H、e、f、g、h）及不同的公差等级（3~9），可以组成不同的公差带。在生产中，为了减少刀具、量具的规格和数量，对公差带的种类应加以限制。国家标准中推荐了一些常用的公差带，见表 6-4 和表 6-5。

表 6-4　内螺纹常用公差带

精　　度	公差带位置 G			公差带位置 H		
旋合长度	S	N	L	S	N	L
精　密				4H	4H5H	5H6H
中　等	(5G)	(6G)	(7G)	*(5H)	*6H	*7H
粗　糙		(7G)			7H	

注：1. 大量生产的精制紧固螺纹，推荐采用带方框的公差带。带 * 的公差带应优先选用，其次是不带 * 的公差。

　　2. 带（　）号的公差带尽可能不用。

表 6-5　外螺纹常用公差带

精　　度	公差带位置 e			公差带位置 f			公差带位置 g			公差带位置 h		
旋合长度	S	N	L	S	N	L	S	N	L	S	N	L
精　密										(3h4h)	*4h	(5h4h)
中　等		*6e			*6f		(5g6g)	*6g	(7g6g)	5h6h	*6h	(7h6h)
粗　糙								8g			(8h)	

注：1. 大量生产的精制紧固螺纹，推荐采用带方框的公差带。带 * 的公差带应优先选用，其次是不带 * 的公差。

　　2. 带（　）号的公差带尽可能不用。

国家标准中还规定了精密、中等、粗糙三种精度。精密级用于精密螺纹，要求配合性质变动较小时采用；中等级为一般用途螺纹；粗糙级为对精度要求不高或制造螺纹比较困难的螺纹采用。

从表6-4和表6-5中可以看到，在同一精度下，对不同旋合长度（S、N、L）的中径采用不同的公差等级，这是考虑到不同旋合长度对螺距累积误差有不同的影响。S表示短旋合长度，N表示中等旋合长度，L表示长旋合长度。一般情况选用中等旋合长度。螺纹旋合长度值见表6-6。

内、外螺纹选用的公差带可以任意组合，但为了保证足够的接触精度，加工好的内、外螺纹最好组合成H/g、H/h或G/h的配合。H/h配合间隙为零，通常均采用此种配合。H/g和G/h配合存在保证间隙，常用于下列几种情况：①要求很容易装拆的螺纹，②用于在高温下工作的螺纹，③用于需要涂镀保护层的螺纹，④用于改善螺纹的疲劳强度。

表6-6　螺纹旋合长度值　　　　　　　　（单位：mm）

公称直径D、d		螺距P	S		N		L
>	≤		≤	>	≤	>	
5.6	11.2	0.5	1.6	1.6	4.7	4.7	
		0.75	2.4	2.4	7.1	7.1	
		1	3	3	9	9	
		1.25	4	4	12	12	
		1.5	5	5	15	15	
11.2	22.4	0.5	1.8	1.8	5.4	5.4	
		0.75	2.7	2.7	8.1	8.1	
		1	3.8	3.8	11	11	
		1.25	4.5	4.5	13	13	
		1.5	5.6	5.6	16	16	
		1.75	6	6	18	18	
		2	8	8	24	24	
		2.5	10	10	30	30	
22.4	45	0.75	3.1	3.1	9.4	9.4	
		1	4	4	12	12	
		1.5	6.3	6.3	19	19	
		2	8.5	8.5	25	25	
		3	12	12	36	36	
		3.5	15	15	45	45	
		4	18	18	53	53	
		4.5	21	21	63	63	

四、螺纹的标注

螺纹完整的标注由螺纹特征代号、尺寸代号、公差带代号及其他有必要进一步说明的信息组成。例如：

外螺纹　　　　　　M　16-5g　6g-S

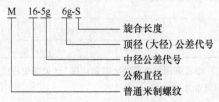

旋合长度
顶径（大径）公差代号
中径公差代号
公称直径
普通米制螺纹

普通米制　公称直径-中径公差带代号　顶径（大径）公差带代号-旋合长度

内螺纹　　　　　　　M　10×1-6H ── （中等旋合长度不标注）

　　　　　　　　　　　　　　　　── 中径和顶径公差带代号（相同）

　　　　　　　　　　　　　　── 螺距

　　　　　　　　　　── 公称直径（大径）

　　　　　　　　── 普通米制螺纹

普通米制　公称直径（大径）　螺距-中径和顶径公差带代号（相同）

对于左旋螺纹，应在旋合长度代号之后标注"LH"代号。旋合长度代号与旋向代号间用"-"号分开。右旋螺纹不标注旋向代号。例如：M6×0.75-5h6h-S-LH

内、外螺纹装配在一起，标注如下：

$$M20×2-6H/6g$$

第四节　螺纹的测量

螺纹的测量方法可分为综合测量和单项测量。

一、综合测量

综合测量是指同时测量螺纹的几个参数，采用螺纹极限量规来综合检验螺纹是否合格，量规分为通规和止规。螺纹通规应能自由旋过工件，螺纹止规不能旋入工件（或者旋入工件不超过两圈），这样则表示工件合格，如图6-4所示。

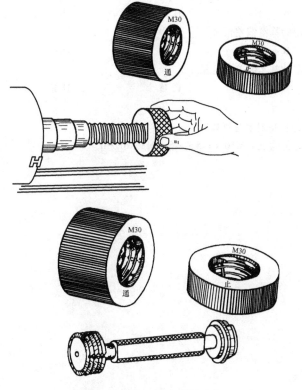

图6-4　螺纹通规和螺纹止规

二、单项测量

单项测量是指测量螺纹的中径、螺距和牙型半角等参数。常用的测量方法有螺纹千分尺测量法和三针测量法。螺纹千分尺测量法一般用于中径公差等级为 5 级以下的螺纹测量。三针测量法简便而精确，常用于丝杠、螺纹塞规等精密中径的测量。

复习思考题

一、判断题（正确的打√，错误的打×）

1. 螺纹按其用途分为紧固螺纹和传动螺纹。（　　　）

2. 普通螺纹的传动精度好、效率高、加工方便。（　　　）

3. 螺纹的五个基本参数都影响螺纹的配合性质。（　　　）

4. 合格的螺纹不应完全通过螺纹止规。（　　　）

5. 螺纹标记为 M18×2-6g 时，对中径公差有要求，对大径和旋合长度则无要求。（　　　）

二、多项选择题

1. 螺纹单一中径的测量方法有_____。

A. 影像法　　　　　　B. 三针法　　　　　　C. 轴切法　　　　　　D. 单针法

2. 下列螺纹中属于细牙、小径公差等级为 6 级的有_____。

A. M10×1-6H　　　B. M20-5g6g　　　C. M10-5H6H-LS　　　D. M30×2-6h

3. 普通螺纹的基本偏差是_____。

A. ES　　　　　　　B. EI　　　　　　　C. es　　　　　　　D. ei

4. 螺纹标注应标注在螺纹的_____尺寸线上。

A. 大径　　　　　　B. 小径　　　　　　C. 顶径　　　　　　D. 底径

5. 标准对外螺纹规定的基本偏差代号是_____。

A. h　　　　　　　B. g　　　　　　　C. f　　　　　　　D. e

6. 标准对内螺纹规定的基本偏差代号是_____。

A. G　　　　　　　B. F　　　　　　　C. H　　　　　　　D. K

三、简答题

1. 影响螺纹互换性的主要因素有哪些?

2. 解释下列螺纹标注的含义：M10×1-5g6g-S、M36-6H/6g。

实验一 用三针测量法测量螺纹中径

一、测量对象和要求

1. 被测件的编号：_____

2. 被测件外螺纹的尺寸代号_____基本中径_____螺距_____

3. 螺纹中径极限尺寸（mm）_____和_____

二、测量器具

器 具 名 称	分度值/mm	标尺范围/mm	测量范围/mm
1. 杠杆千分尺			
2. 量块	公差等级_____组合尺寸_____		
3. 采用三针直径 d_0/mm		最佳三针直径 d_0 佳/mm	

三、测量记录和计算

	1—1	2—2
测得的 M 值/mm		
d_2 实际值/mm		

四、测量部位图

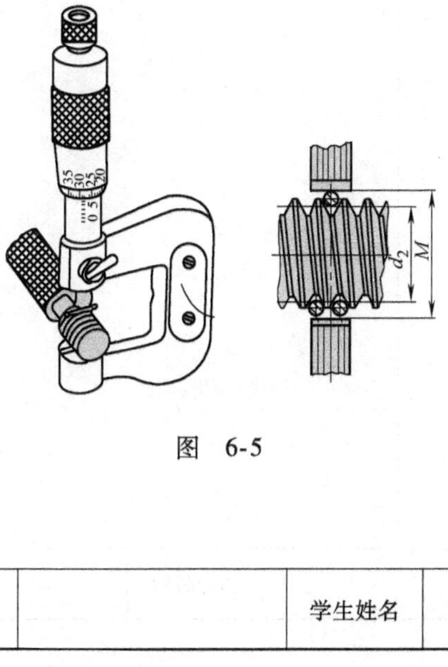

图 6-5

五、判断合格性

班级		学生姓名		指导教师	

实验二　用螺纹千分尺测量螺纹中径

一、测量对象和要求

1. 被测件的编号：_____
2. 被测件外螺纹的尺寸代号_____基本中径_____螺距_____
3. 螺纹中径极限尺寸（mm）_____和_____

二、测量器具

器具名称	分度值/mm	标尺范围/mm	测量范围/mm
1. 螺纹千分尺			
2. 测头			

三、测量记录和计算

	1—1		2—2	
测得的 M 值/mm				
d_2 实际值/mm				

四、测量部位图

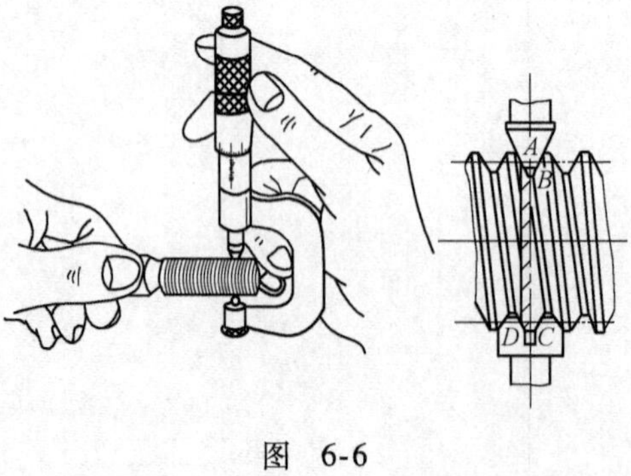

图　6-6

五、判断合格性

班级		学生姓名		指导教师	

附录

部分复习思考题答案

绪　　论

一、判断题

1.√　　2.×　　3.×　　4.×

二、简答题（略）

第　一　章

一、判断题

1.√　2.√　3.×　4.√　5.×　6.√　7.×　8.×　9.×　10.×　11.×
12.×　13.√　14.√　15.×　16.√　17.×　18.√　19.√　20.×

二、选择题

1. AC　　2. A　　3. C　　4. B　　5. AC　　6. B　　7. AB　　8. C

三、简答题（略）

四、计算题

1. 计算出下表中空格处数值，并按规定填写在表中。

基本尺寸	最大极限尺寸	最小极限尺寸	上 偏 差	下 偏 差	公　差	尺 寸 标 准
孔 $\phi25$	$\phi25.250$	$\phi25.034$	+0.25	+0.034	0.216	$\phi25^{+0.25}_{+0.034}$
轴 $\phi60$	$\phi60.027$	$\phi60.008$	+0.027	+0.008	0.019	$\phi60^{+0.027}_{+0.008}$
孔 $\phi30$	$\phi29.98$	$\phi29.959$	-0.02	-0.041	0.021	$\phi30^{-0.02}_{-0.041}$
轴 $\phi80$	$\phi79.99$	$\phi79.944$	-0.010	-0.056	0.046	$\phi80^{-0.010}_{-0.056}$
孔 $\phi50$	$\phi50.005$	$\phi49.966$	+0.005	-0.034	0.039	$\phi50^{+0.005}_{-0.034}$
孔 $\phi40$	$\phi40.014$	$\phi39.989$	+0.014	-0.011	0.025	$\phi40^{+0.014}_{-0.011}$
轴 $\phi70$	$\phi69.970$	$\phi69.896$	-0.03	-0.104	0.074	$\phi70^{-0.03}_{-0.104}$

2. 查表确定并计算下列两组轴、孔公差带的基本偏差和另一极限偏差，按同一比例，在同一零线上画出尺寸公差带图，能发现什么规律？

1)　　　$\phi25f6$　　$\phi25f7$　　$\phi25f8$　　$\phi25F6$　　$\phi25F7$　　$\phi25F8$

$\phi25^{-20}_{-33}$　　$\phi25^{-20}_{-41}$　　$\phi25^{-20}_{-53}$　　$\phi25^{+33}_{+20}$　　$\phi25^{+41}_{+20}$　　$\phi25^{+53}_{+20}$

2)　　　$\phi25r6$　　　$\phi25r7$　　　$\phi25r8$　　　$\phi25R6$　　　$\phi25R7$　　　$\phi25R8$

$\phi25^{+41}_{+28}$　　$\phi25^{+49}_{+28}$　　$\phi25^{+61}_{+28}$　　$\phi25^{-24}_{-37}$　　$\phi25^{-20}_{-41}$　　$\phi25^{-28}_{-61}$

1）题公差带图（图 A-1）

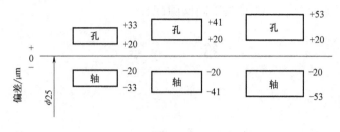

图 A-1

答：孔和轴相对应符号相对零线对称且都是间隙配合。

2）题公差带图（图 A-2）

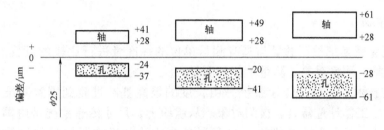

图 A-2

答：孔和轴相对应符号相对零线基本对称且都是过盈配合。

3. 已知下列配合：①$\phi 20H8/f7$；②$\phi 45D9/h9$

1）、2）查表并计算出轴、孔公差带的极限偏差及尺寸标注。

①$\phi 20H8 \left(\substack{+0.033 \\ 0} \right)/f7 \left(\substack{-0.020 \\ -0.041} \right)$ ②$\phi 45D9 \left(\substack{+0.142 \\ +0.080} \right)/h9 \left(\substack{0 \\ -0.062} \right)$

3）画出公差配合图和配合公差带图，注明极限过盈、间隙（图 A-3 和图 A-4）。

①

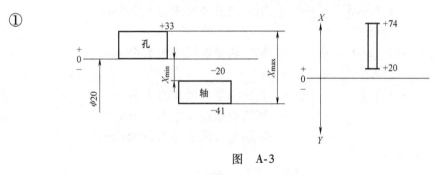

图 A-3

②

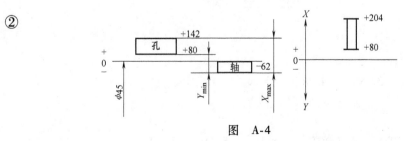

图 A-4

4）指出基准制和配合性质。

①是基孔制间隙配合　　　②是基轴制间隙配合

第　二　章

一、判断题

1. √　　2. ×　　3. ×　　4. ×　　5、×

二、多项选择题

1. B　　2. B　　3. BCD　　4. ABCD　　5. CD

三、综合题

1. 答：测量就是把被测的量与具有测量单位的标准量进行比较的过程。一个完整的测量过程应包括：测量对象、测量单位、测量方法、测量精度。

2. 答：在技术上，尺寸传递系统是由长度的最高基准过渡到国家基准、工作基准、各种计量标准、工作计量器具、被测对象。从组织上，尺寸传递系统是由国家计量机构，各地区计量中心，省、市计量机构，一直到各企业计量机构所组成的计量网络。目前，长度的最高基准是"米"，即"光在真空中，在 $1/299792458\,s$ 时间间隔所行进路程的长度"。量块是一种没有刻度的平行端面量具，一般用铬锰钢或用线胀系数小、不易变形及耐磨的其他材料制成。量块除作为长度基准进行尺寸传递外，还广泛用来检测和校准测量器具、调整零位；有时也可直接用来检测零件，或者用于精密划线、调整机床和夹具等。

3. 答：　　　　　59.995

　　　　　－）　1.005 ………… 第一块量块尺寸为 1.005mm
　　　　　　　58.99

　　　　　－）　1.49 ………… 第二块量块尺寸为 1.49mm
　　　　　　　57.5

　　　　　－）　7.5 ………… 第三块量块尺寸为 7.5mm
　　　　　　　50 ………… 第四块量块尺寸为 50mm
　　　　　　　　 ………… 量块组合尺寸为 59.995mm

第　三　章

一、判断题

1. √　　2. ×　　3. ×　　4. ×　　5. √　　6、×

二、选择题

1. ACD　　2. ACD　　3. ABCD　　4. B　　5. D　　6. AD

三、简答题

1. 如图 A-5 所示：a）被测要素是 $\phi 20H7$，基准要素是底面　b）被测要素是斜面，基准要素 $\phi 20h8$ 轴线　c）被测要素是 $\phi 60$ 轴线，基准要素是 $\phi 30$ 轴线　d）被测要素是锥面，无基准要素

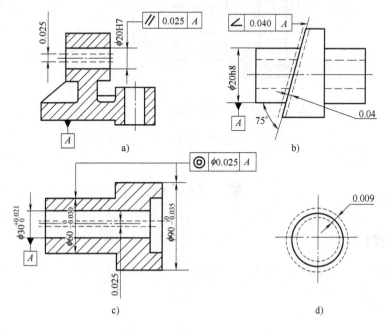

图　A-5

2. 见图 A-6。

3. 1）曲轴销 $\phi d4$ 圆柱度公差为 0.01mm。

　2）曲轴销 $\phi d4$ 的轴线与 A-B 公共轴线的平行度公差为 0.02mm。

　3）左端锥部相对 A-B 公共轴线的径向圆跳动公差为 0.025mm。

　4）锥部键槽相对大径轴线的对称度公差为 0.025mm。

　5）轴径 ϕd_3（两处）相对 C-D 公共轴线的径向圆跳动公差为 0.025mm。

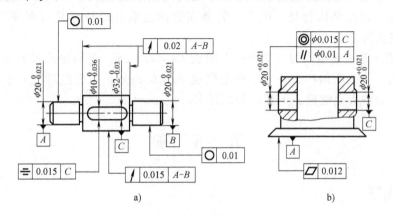

图　A-6

6）轴径 ϕd_3 圆柱度公差为 0.06mm。

4. 见图 A-7。

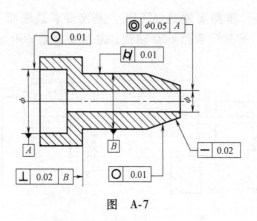

图　A-7

第　四　章

一、判断题

1. √　2. ×　3. ×　4. √　5. √

二、简答题

1. 答：（1）对摩擦和磨损的影响　（2）对配合性质的影响　（3）对零件强度的影响（4）对耐腐蚀性的影响　（5）对结合面密封性的影响

2. 答：表面结构常用的测量方法有比较法、光切法、干涉法和感触法。

3. 答：取样长度是指测量或评定表面结构时所规定的一段基准线长度。规定取样长度的目的在于限制或减弱其他几何形状误差，特别是表面波度对测量结果的影响。表面越粗糙，取样长度就应越大，因为越粗糙，波距也越大，较大的取样长度才能反映一定数量的微量高低不平的痕迹。评定长度可包括一个或几个取样长度。零件表面各部分的表面结构不一定很均匀，这是由于加工的不均匀性造成的。在一个取样长度上往往不能合理地反映某一表面结构特征，因此，需要在表面上取几个取样长度来评定表面结构，取其平均值更为可靠。

4. 答：图 a 为表面结构为一个单向上限值 $Ra = 1.6\mu m$，表面纹理没有要求；去除材料的工艺。图 b 为表面结构为一个单向上限值 $Rz = 6.3\mu m$，表面纹理没有要求；磨削加工工艺。图 c 为铁表面镀铬，无其他表面要求。

第　五　章

一、判断题

1. √　2. √　3. ×　4. √　5. ×

二、多项选择题

1. ABCD　　2. ABC　　3. B　　4. AB　　5. CD

三、综合题

3. $\tan\alpha/2 = \dfrac{(20-15)/2}{100} = \dfrac{1}{40}$

锥度 $C = (D-d)/L = 2\tan\alpha/2 = 1/20$

圆锥角 $\alpha = 2.86°$

圆锥素线角 $\alpha/2 = 1.43°$

4. 　　　　　$C = 2\tan\alpha_e/2 = \dfrac{D_e - d_e}{L_e}$　　　　$d_e = D_e - CL_e$

$$d_{emax} = D_{emax} - CL_e = (35 - 1/5 \times 100)\,mm = 15\,mm$$

$$d_{emin} = D_{emin} - CL_e = (34.961 - 1/5 \times 100)\,mm = 14.961\,mm$$

$$\alpha_{emax} = 2\arctan\dfrac{D_{emax} - d_{emin}}{2L_e} = 2\arctan\dfrac{35 - 14.961}{2 \times 100} = 11°26'35''$$

$$\alpha_{emin} = 2\arctan\dfrac{D_{emin} - d_{emax}}{2L_e} = 2\arctan\dfrac{34.961 - 15}{2 \times 100} = 11°23'56''$$

$$AT_{\alpha_e} = \alpha_{emax} - \alpha_{emin} = 11°26'35'' - 11°23'56'' = 2'39''$$

5. 按题意, 基面距公差 $T_{E_\alpha} = 0.8\,mm$, 查表 5-3 得 AT6 = $33'' = 0.55'$

一般　　　　　　　　$T_{D_i} = T_{d_e} = T_{D_s}$

$$T_{E_D} = 1/C\left[(T_{D_i} + T_{D_e}) + 0.0003L(A_{t_e}/2 + A_{t_e}/2)\right]$$

$$0.8 = 30\left[2TD + 0.0003 \times 80 \times 0.55'\right]$$

$$T_D = 0.0067\,mm$$

第　六　章

一、判断题

1. √　　2. ×　　3. ×　　4. √　　5. ×

二、多项选择题

1. ABCD　　2. A　　3. BC　　4. A　　5. BCD　　6. AC

三、简答题 (略)

参 考 文 献

[1] 王欣玲. 表面特征（粗糙度、波纹度、表面缺陷）国家标准应用指南 [M]. 北京：机械工业标准化技术服务部，1997.

[2] 刘庚寅. 公差测量基础与应用 [M]. 北京：机械工业出版社，1996.

[3] 李晓沛，俞汉清. 极限与配合 [M]. 北京：机械工业标准化技术服务部，2000.

[4] 吕林森. 新编形状和位置公差标注读解 [M]. 北京：中国标准出版社，1996.

[5] 中国机械工业标准汇编——极限与配合卷 [M]. 北京：中国标准出版社，1999.

[6] 张林. 极限配合与测量技术 [M]. 北京：人民邮电出版社，2006.

[7] 吕永智. 公差配合与技术测量 [M]. 2 版. 北京：机械工业出版社，2006.

[8] 何频. 公差配合与技术测量习题及解答 [M]. 北京：化学工业出版社，2004.

[9] 郭连湘. 公差配合与技术测量实验指导书 [M]. 北京：化学工业出版社，2004.

[10] 何兆凤. 公差与配合 [M]. 北京：机械工业出版社，2004.